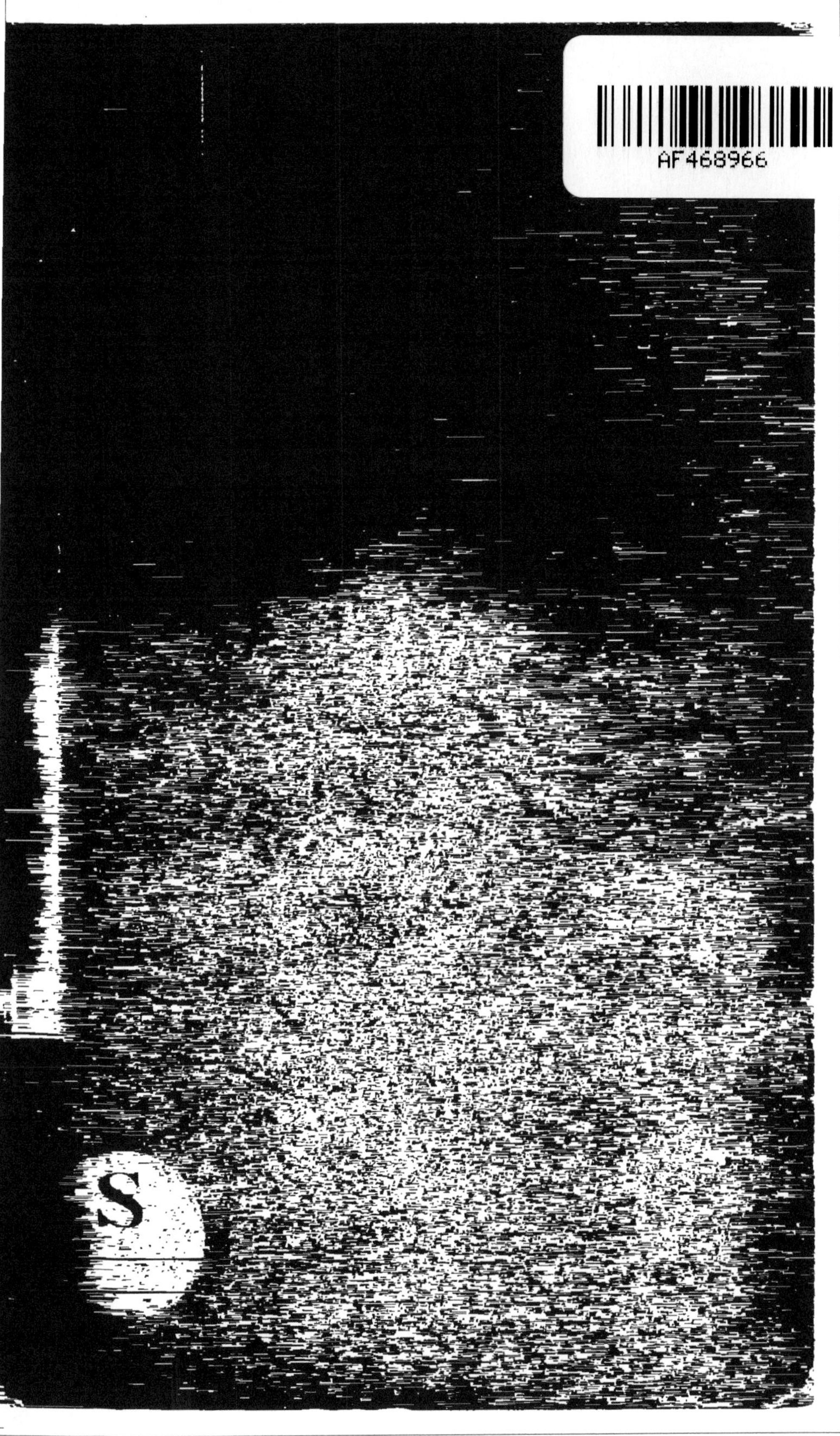
S

COURS ÉLÉMENTAIRE

D'HISTOIRE NATURELLE.

1 L'*histoire naturelle* est la science qui a pour objet l'étude des corps particuliers vivants ou inanimés qui se trouvent sur le globe.

2. Pour faciliter l'étude des êtres de la création, on les a groupés en grandes classes dont chacune se divise en *ordres* ou *familles*; chaque ordre se divise en *genres*; chaque genre se divise en *espèces* dont chacune renferme des individus et des variétés.

3. L'art de classer ainsi les êtres de la création en divisions et subdivisions se nomme *méthode*.

4. Les êtres de la création peuvent être divisés en deux grandes séries, savoir : les êtres *inanimés* ou *inorganiques*, et les êtres *animés* ou *organiques*.

5. Les êtres *inorganiques*, c'est-à-dire qui sont privés d'organes et de vie, ne renferment qu'une classe d'êtres, ce sont les minéraux (1).

6. Les êtres *organiques*, c'est-à-dire qui sont pourvus d'organes et de vie, renferment deux classes d'êtres, les végétaux et les animaux.

---

(1) On appelle organes les parties d'un corps qui ont une fonction particulière.

7. L'ensemble de ces 3 grandes classes forme ce qu'on appelle les 3 *règnes* de la nature, savoir : le règne *minéral*, le règne *végétal* et le règne *animal*.

8. Les trois branches de l'histoire naturelle qui correspondent aux 3 règnes de la nature sont : la *Minéralogie*, la *Botanique* et la *Zoologie*.

Géologie.

Différents terrains dont se compose l'écorce du globe. — Ancienneté de la terre.

9. La partie de la Minéralogie qui traite de la structure de la terre, s'appelle *Géologie*.

De l'examen de l'enveloppe solide de la terre, il résulte que sa surface n'a pas toujours été la même, et qu'elle a été modifiée à différentes époques par de notables bouleversements. Cette écorce est en effet composée de couches différentes, superposées les unes aux autres, ayant des caractères distincts, et dont les positions relatives, suivent dans toutes les parties du globe, un ordre à peu près invariable.

De cette superposition de couches de nature différente, on a conclu que l'écorce solide de la terre ne s'était formée que peu à peu, successivement, par époques distinctes les unes des autres.

10. La croûte minérale de la terre, suivant l'ancienneté des terrains dont elle est composée, se divise en 6 groupes, savoir :

Terrains *primitifs*, de *transition*, *secondaires*, *tertiaires*, d'*alluvion* et *volcaniques*.

11. Les terrains *primitifs* ou de cristallisation se composent de granit et de couches de diverses roches cristallines. Ils ne contiennent ni roches brisées ni cailloux roulés, ni aucune trace de substances végétales et animales. On suppose que ce sont des précipités chimiques formés avant l'existence des êtres organisés, avant toutes les catastrophes qui ont ravagé la terre, et dont les terrains supérieurs offrent de si nombreux exemples.

12. Les terrains de *transition* sont superposés aux terrains primitifs et ils se composent d'ardoises, de calcaire, de marbre, de grès, etc. On y rencontre des crustacés, des coquilles, (telles que les ammonites, les bélemnites, etc.) et des végétaux dont les analogues n'existent plus sur la surface du sol. C'est donc pendant leur formation qu'ont paru les premières traces d'organisation végétale et animale. (1)

13. Les terrains *secondaires* sont essentiellement de

---

(1) Les substances nommées végétaux pétrifiés, ne sont point, comme on pourrait le croire, des apparences de pierres, mais de véritables pierres, même des plus dures, consistant en silice, en calcaire, etc. A mesure qu'un végétal enfoui dans la terre, se détruit par la putréfaction, les places de ses molécules sont remplies par des molécules de silice ou de calcaire, apportées par l'eau. Cette terre, en durcissant, conserve la forme et la texture du végétal. Il est cependant certaines circonstances qui s'opposent à la décomposition régulière et finale des végétaux; comme, par exemple, lorsqu'ils sont ensevelis dans la mer, ou bien dans la terre où ils ne peuvent se putréfier faute d'air. Dans ce cas, ils sont sujets à un changement particulier, qui produit des composés particuliers, nommés bitumes.

sédiments marins, et s'étendent depuis ceux qui renferment la houille jusqu'à la craie. On y trouve des fossiles, des débris d'animaux dont la race est détruite, et dont quelques-uns étaient d'une grosseur énorme.

14. Les terrains *tertiaires* sont caractérisés par les restes de mammifères qu'ils renferment, et dont les genres entièrement perdus se rapprochent des tapirs, des rhinocéros et des éléphants.

15. Les terrains d'*alluvion*, formés par les eaux, se composent de grandes masses de cailloux roulés, de graviers, de sable, de limon, de mélanges terreux d'alumine, etc. Ils renferment aussi des roches et de nombreux débris organiques. On y trouve des ossements de grands animaux qui ont appartenu à des espèces analogues à celles qui vivent aujourd'hui; mais la plupart dans des lieux très éloignés de ceux où l'on trouve ces débris.

16. Les matières des terrains volcaniques sont venues par soulèvements; elles ont traversé la croute du globe, dans un état de fusion plus ou moins complète et se sont intercalées entre les différentes couches de terrains, ou se sont épanchées à leur surface. A cette classe appartiennent les basaltes, les laves, les porphyres, la pierre ponce, etc.

17. Comme on suppose qu'il a fallu un temps très-considérable pour que toutes ces couches de terrains qui enveloppent la terre aient pu se former, les géologues pensent que les 6 jours de la création dont parle Moïse dans la genèse, sont des époques, chacune peut-être de plusieurs milliers de siècles, et dont la dernière, n'a environ que 6000 ans d'antiquité.

En effet, c'est en hébreux que Moïse a écrit la genèse, or, en hébreux le mot dont s'est servi Moïse et qu'on avait traduit par *jour*, veut dire aussi époque ou une durée de temps quelconque. Il est donc vraisemblable que Moïse n'a pas voulu parler de jours tels que nous les entendons, mais d'une durée de temps illimitée.

18. Quoique notre *globe* soit très ancien, il est facile de démontrer qu'il n'est pas éternel; pour cela il suffit d'examiner que parmi les fossiles que sa croûte renferme, on ne trouve ni ossements humains, ni aucun produit de la fabrication humaine; que ce n'est que dans les couches les plus supérieures ou dans la terre végétale, que l'on trouve de ces produits humains. L'homme n'est donc pas vieux sur la terre puisqu'il n'a commencé à y paraître que lorsque plusieurs races d'animaux l'avaient habitée longtemps avant lui. Toutes les recherches géologiques sont d'accord avec la Genèse, que l'homme n'a sur la terre, qu'environ 6000 ans d'antiquité.

Chaleur intérieure de la terre, formation des montagnes, des volcans, etc,

19. En creusant la *terre* un peu profondément, on observe qu'il existe dans son intérieur, une chaleur naturelle qui augmente environ d'un degré tous les 30 mètres, d'où il résulte qu'à moins de 20 myriamètres de profondeur, la chaleur intérieure de la terre serait assez grande pour faire fondre les minéraux les plus infusibles, et à son centre, cette chaleur s'élèverait à plus de 200,000 degrés du thermomètre centigrade.

20. A force de recherches, les savants sont parvenus à conclure que la terre autrefois était entièrement en feu,

et que se trouvant ainsi isolée dans l'espace, elle a dû se refroidir extérieurement et se couvrir d'une première couche solide, comme le plomb fondu se couvre d'abord d'une croûte métallique qui s'épaissit insensiblement en se refroidissant, tandis que l'intérieur est encore en fusion.

21. Du principe de la *chaleur centrale* de la terre, on peut déduire que la plupart des montagnes ont été formées par des soulèvements, par de véritables boursouflements provenant des quantités énormes de vapeurs qui tendent à s'échapper extérieurement aussitôt qu'elles sont produites. Lorsqu'il se rencontre dans les roches, des fissures qui communiquent à la surface du sol, ces vapeurs s'écoulent facilement; mais lorsqu'il n'y a point d'issue, elles s'accumulent dans les cavités intérieures, elles s'amoncellent, elles se compriment, jusqu'à ce que, excitées par la grande chaleur à laquelle elles sont soumises, elles puissent percer, soulever ou déchirer la croûte terrestre. Dans le premier cas il se forme un volcan; dans le second, une montagne plus ou moins élevée; dans le dernier une crevasse, une dislocation quelconque : le plus souvent il ne s'opère que des déchirements intérieurs d'où résultent des tremblements de terre.

22. Les *soulèvements* des montagnes expliquent pourquoi les couches qui composent la croûte extérieure du globe sont quelquefois horizontales, ou onduleuses, ou inclinées, quelquefois, verticales ou contournées en zig-zag, régulières ou irrégulières, etc.

23. Ces couches sont souvent coupées par des filons en forme de plaques ou de coins très aplatis. Ces filons proviennent probablement de fentes ou grandes lézar-

l'*étain*, le *cuivre*, le *plomb*, le *mercure*, l'*argent*, l'*or* et le *platine*.

54. Le *zinc* est un métal gris, lamelleux, assez abondant. Ce métal, réduit en feuilles à l'aide du laminoir, sert à couvrir les toits, à faire des baignoires, etc.

55. L'*étain* est un métal blanc, brillant, peu ductile, mais très-malléable. Ce métal sert à fabriquer le fer-blanc, à faire des ustensiles de cuisine, etc.

56. L'*étamage* consiste à recouvrir la surface de différents métaux, d'une légère couche d'étain fondu.

57. Le *fer* est un métal gris, malléable, ductile, le plus abondant et le plus utile des métaux.

58. Pour convertir le *minerai* d'où l'on tire le fer, en fonte, on le met en contact avec du charbon dans de hauts fourneaux; alors le minerai fond, et l'on coule le produit appelé fonte, dans des moules creusés dans le sable pour faire des marmites, des tuyaux, des plaques de cheminées, des poêles, etc.

59. Pour obtenir le *fer*, on fait refondre la fonte dans un fourneau d'affinage, et l'on soumet le métal à la percussion d'un grand marteau mû par l'eau ou par la vapeur.

60. L'*acier* est un métal composé de carbone et de fer. Pour l'obtenir on met du fer forgé en contact avec la poussière du charbon de bois à une haute température.

61. La *trempe* consiste à plonger subitement l'acier forgé jusqu'au rouge, dans un liquide quelconque, mais froid, afin de lui donner plus de dureté et d'élasticité.

62. Le *cuivre* est un métal rouge, sonore, malléable et ductile qui est d'un très-grand usage. Son oxide appelé vert-de-gris, est un poison violent; le sucre est un antidote contre ce poison.

63. Le *bronze* est un alliage de cuivre et d'étain. Ce métal sert à faire des canons, des cloches, des statues, etc.

64. L'*airain* est un mélange de cuivre fondu avec du zinc; on s'en sert aussi pour faire des statues, des cloches, etc.

65. Le *laiton* est aussi un alliage de cuivre et de zinc; il sert à faire des compas, des quinquets; et une infinité d'autres objets.

66. Le *plomb* est un métal gris, mou et très-fusible; il sert à faire des tuyaux de pompes, à couvrir les édifices, l'intérieur des bassins, etc.

67. Le *mercure*, ou vif-argent, est un demi-métal liquide, blanc, très-lourd, qui a la propriété de dissoudre l'or et l'argent, et de séparer ces métaux des matières étrangères.

69. Le *mercure* sert particulièrement à la construction du Baromètre et du Thermomètre, à étamer les glaces, etc.

70. Les principales *mines* de mercure sont, celles du Pérou, de l'Espagne et du Portugal.

71. L'*argent* est un métal dur, d'un beau blanc, malléable et ductile, qu'on trouve à l'état natif, ou mêlé au plomb.

72. Les principales *mines* d'argent sont celles du Mexique et du Pérou.

73. L'*or* est un métal jaune, très-brillant et très-

lourd ; c'est le plus ductile (1) et le plus précieux de tous les métaux.

74. On trouve l'*or* à l'état natif en petites lamelles, dans des filons pierreux, ou dans des terrains d'alluvion sablonneux.

75. Les principales mines d'*or* sont celles du Pérou, du Chili et de Sibérie.

76. Le *platine* est un métal solide, d'un gris d'acier, brillant, infusible à tout feu de forge, inaltérable à l'air, à l'eau et à tous les acides : c'est le plus pesant de tous les corps. Ce métal sert à faire des vases de chimie, des pointes de paratonnerre, etc.

77. On trouve le *platine* disséminé en grains d'alliage dans les terrains d'alluvion sablonneux du Brésil et de de la Sibérie.

78. L'*arsenic* est un métal blanc-grisâtre, dur et fusible à peu près comme le plomb ; son oxide est un poison dangereux.

Des pierres.

79. Les *pierres*, connues aussi sous le nom de roches, sont un mélange de terres et de métaux.

80. Les terres les plus communes sont, la *silice*, l'*alumine*, la *magnésie*, la *chaux*, la *marne*, et la terre végétale formée en grande partie des débris des végétaux et des animaux.

(1) L'or est si ductile, qu'un lingot d'or de la grosseur d'une tête d'épingle, passé à la filière, est réduit à un fil tellement mince, qu'il peut avoir deux lieues de long.

81. Parmi les *roches* nombreuses qui composent l'écorce du globe, on peut citer le *quartz*, le *feldspath*, le *mica*, le *talc*, le *calcaire* et le *gypse*.

82. Les principales variétés du quartz, sont : le *cristal de roche*, l'*agate*, le *sable*, le *grès*, le *caillou*, le *gravier*, le *silex* qui comprend la pierre à fusil, la *pierre meulière*, etc.

83. Les principales variétés du calcaire sont : la *pierre à chaux*, le *marbre*, la *pierre lithographique*, la *craie*, l'*albâtre*, le *corail*, etc.

84. Le *calcaire incrustant* est une espèce de calcaire qui a la propriété de recouvrir d'une croûte pierreuse différents corps organiques.

85. On peut citer à ce sujet la fontaine de St-Alire à Clermont-Ferrand, dont les eaux ont la propriété d'incruster les objets sur lesquels on les fait tomber en gouttelettes. Si l'on place sous les eaux de cette fontaine, des oiseaux, des raisins ou autres fruits, au bout de quelques jours on les retire couverts d'une couche de calcaire, telle qu'on les croirait en pierre.

86. Il ne faut pas confondre les *incrustations* avec les *pétrifications*, car, les fossiles d'animaux et de végétaux qu'on trouve dans la terre sont véritablement convertis en pierre, au lieu que les objets incrustés n'ont qu'une enveloppe pierreuse.

87. On appelle *stalactites* des espèces d'aiguilles pendantes formées par l'infiltration d'un liquide chargé de particules calcaires, dans les voûtes des cavités souterraines.

88. Les *stalactites* se joignent quelquefois aux *stalagmites* (dépôt mamelonné), et finissent par former des colonnes de formes les plus variées et des plus agréables.

89. La *grotte* la plus célèbre pour ses stalactites est celle d'Antiparos dans l'Archipel.

90. La *craie* n'est autre chose que le calcaire crayeux, qui, broyé dans l'eau et réduit en pâte fine, forme le blanc d'Espagne et le blanc de Troyes.

91. On appelle *pierres* ou *roches composées*, celles qui sont formées de la réunion de plusieurs minéraux combinés. On peut citer entre autres le granit, le porphyre, la lave et le basalte, les ardoises, etc.

92. L'*amiante* ou l'*abeste* est un minéral filamenteux et incombustible, souple comme le lin.

93. Ce minéral est susceptible d'être filé comme le chanvre, et les anciens, sous le nom de lin incombustible, en fesaient des linceuls pour envelopper les corps dont ils voulaient recueillir les cendres.

94. Le *gypse* est la pierre à plâtre; on en obtient le plâtre par la calcination.

95. Le *plâtre*, outre son usage pour les constructions, sert encore à l'amendement des prairies artificielles. Gâché avec une dissolution de colle forte et de matières colorantes, il donne un marbre factice nommé Stuc..

96. On appelle *pierres précieuses* les pierres naturelles employées dans la bijouterie comme objets de parure.

97. Les principales pierres précieuses sont : le diamant, l'émeraude (verte), la topaze (jaune), la turquoise (bleue), le rubis (rouge), le saphir (bleu), l'améthyste (violette), etc.

98. Le *diamant* est le plus brillant, le plus limpide, le plus dur et le plus précieux des minéraux.

99. Le *diamant* est si dur qu'il raie tous les corps, et

n'est rayé par aucun. On ne peut le polir qu'avec sa propre poussière.

100. Quoique ce minéral soit très-dur, il est cependant assez fragile pour se briser au moindre choc. Il sert particulièrement à couper le verre et à graver sur les corps les plus durs.

101. Les *diamants* viennent tous de l'Inde et du Brésil ; ils sont ordinairement blancs, mais on en trouve cependant de verts, de roses, de jaunes, de bleus et même de noirs.

102. Les plus beaux *diamants* connus sont celui du Grand-Mogol et celui de la couronne de France. Le premier pèse 279 karats et vaut 11 millions; le second appelé le régent, pèse 136 karats (30 grammes) et comme il est sans défaut, on l'estime 5 millions. On a été 2 ans pour le polir (1).

(1) Le karat pèse 0,2124 dimilligrammes.

BOTANIQUE.

1. La *Botanique* est la partie des sciences naturelles qui traite de la structure, des propriétés et de la classification des végétaux.

2. Les végétaux sont *ligneux* quand ils peuvent acquérir la consistance du bois et *herbacés* dans le cas contraire.

3. Les *éléments* essentiels à la végétation, sont la terre, l'eau, l'air, la chaleur et la lumière.

4. Les plantes tirent leur *nourriture* du sol par les racines, et de l'atmosphère par la tige, les branches et les feuilles.

5. La *racine* d'un végétal est bulbeuse quand elle a au collet, une espèce de bulbe ou ognon. Ex. la tulipe.

6. Elle est *tuberculeuse* quand elle forme des tubercules comme la pomme de terre.

7. Elle est *capillaire* ou *chevelue* quand elle est en forme de cheveux. Ex. les gazons.

8. En médecine on distingue 5 principales espèces de

racines, savoir : les racines *douces*, telles que la réglisse; les racines *fades*, telles que la guimauve; les racines *amères*, telles que la grande gentiane, la rhubarbe; les racines *aromatiques*, telles que la valériane, et les racines *nauséabondes*, telles que l'ipécacuanha, l'ellébore, etc.

9. La *tige* d'un végétal est la partie qui croît en sens inverse des racines, et supporte les branches, les rameaux, les feuilles, etc.

10. Les *rameaux* se couvrent de boutons, qui, en s'épanouissant au printemps donnent les bourgeons, les feuilles, les fleurs et les fruits.

11. La *tige* des arbres, nommée aussi tronc, se compose de l'écorce, du liber, substance foliacée située sous l'écorce, de l'aubier ou bois imparfait, situé sous le liber, du bois ou corps ligneux, et de l'étui médulaire qui contient la moëlle.

12. La tige des végétaux est *fistuleuse*, quand elle est creuse dans l'intérieur; *articulée*, quand elle a plusieurs nœuds ou articulations; *volubile*, quand elle s'attache en tournant autour des corps voisins; *sillonneuse*, quand elle a des excavations longitudinales en forme de sillons, *sarmenteuse*, quand elle s'attache aux corps voisins par de petites vrilles; *aiguillonneuse*, quand elle a des aiguilles et des épines.

13. La tige des plantes graminées se nomme *chaume*.

13. La *sève* des végétaux est un fluide qui sert, comme le sang chez les hommes et les animaux, à entretenir et à faire croître les autres parties de la plante, en s'incorporant à elles.

14. Les principaux organes de la respiration des plantes sont les *feuilles*.

15. Les parties qui composent la feuille sont le *pétiole* ou *queue*, les *nervures* et le *parenchyme*, substance verte qui remplit les interstices des nervures.

16. La *nervure* qui fait suite au pétiole se nomme nervure médiane ; elle partage la feuille en deux parties latérales.

17. Sous le rapport de sa forme, la feuille est *simple*, quand son pétiole ne supporte qu'une feuille ; *composée*, quand il supporte plusieurs petites feuilles appelées folioles ; *lancéolée*, quand elle est en forme de lance ; *sagittée*, quand elle est en forme de flèche ; *dentée*, quand ses bords sont découpés en dents ; *orbiculée*, quand elle est ronde ; *engaînante*, quand sa base forme une espèce de gaîne ; *glabre*, quand elle n'a ni poil ni duvet ; *pubescente*, quand elle est couverte de duvet ; *sessile*, quand elle n'a point de pétiole ; *pétiolée*, quand elle a un pétiole, etc.

18. Sous le rapport de leur insertion, les feuilles sont *opposées*, quand elles sont situées deux à deux, l'une d'un côté et l'autre de l'autre côté de la tige ; *verticillées*, quand elles sont disposées en anneaux autour de la tige ; *alternes*, quand elles sont disposées en échelon, l'une d'un côté et l'autre de l'autre côté de la même tige.

19. Les feuilles sont *persistantes*, quand elles restent plus d'un an sur le végétal, et *caduques*, quand elles tombent à la fin de l'année.

20. La *fleur* d'un végétal est la réunion des parties qui concourent à reproduire ce même végétal.

21. Les parties essentielles de la fleur, sont les *étamines* et le *pistil*, qui sont les principaux organes de la fécondation des fleurs. L'étamine est l'organe *mâle* et le

pistil l'organe *femelle*. Ce dernier occupe toujours le centre de la fleur.

22. L'*étamine* d'une fleur se compose de trois parties : de l'*anthère*, petit sac membraneux qui contient le pollen ; du *pollen* ou poussière fécondante, et du *filet*, petit corps filamenteux qui supporte l'anthère.

25. Le pistil se compose aussi de trois parties : du *stigmate*, petit corps visqueux situé à la partie supérieure du pistil, du *stile* ou *filet* qui supporte le stigmate, et de l'*ovaire*, qui est la partie inférieure du pistil où se forment les fruits et les graines.

24. La *fécondation* des fleurs s'opère au moyen du pollen qui est lancé par l'anthère sur le stigmate, y pénètre et descend dans l'ovaire, où il féconde les ovules ou principes des jeunes graines. Alors la fleur se fane et la fructification commence.

25. Les parties *accessoires* de la fleur, sont le *pédoncule* ou *queue*, le *calice* et la *corolle*.

26. Le *calice* est l'enveloppe foliacée qui soutient la corolle. Il est *monosépale* quand il est composé d'une seule pièce appelée sépale, et *polysépale*, quand il est composé de plusieurs sépales.

27. Le *calice* commun de plusieurs fleurs se nomme *involucre*, et celui d'une fleur en particulier se nomme *involucelle*.

28. La *corolle* est la partie ordinairement colorée qui est soutenue par le calice. Si elle est d'une seule pièce ou pétale, elle est dite *monopétale*, et si elle est de plusieurs pétales, elle est dite *polypétale*.

29. Une fleur est dite *complète* ou *incomplète* selon qu'elle est ou non pourvue de tous les organes qui peuvent entrer dans sa composition.

30. Elle est *simple* ou *double* selon que le nombre de ses pétales ne dépasse pas ou dépasse le nombre qui convient à son espèce. Dans la fleur double les étamines se sont changées en pétales.

31. On appelle fleurs *conjointes* ou composées, celles qui contiennent plusieurs autres petites fleurs qu'on nomme fleurons. Ex. la marguerite.

32. Sous le rapport de sa forme, la corolle est *labiée*, lorsqu'elle est divisée en deux lèvres; *crucifère*, quand ses quatre pétales sont disposés en croix ; *rosacée*, quand ils sont rangés en rosace ; *papillonnée,* quand ils sont rangés en aîles de papillon ; *campanulée*, quand elle a la forme d'une cloche, etc.

33. Les fleurs en épi sont celles qui sont réunies en grand nombre autour d'un axe commun assez allongé, comme le blé.

34. L'épi prend le nom de *chaton*, s'il est environné d'un grand nombre de petites fleurs presque toujours unisexuelles. Exemple : Le noyer, le peuplier, le saule, le noisetier, etc.

35. Les fleurs en *corymbe*, ou *corymbifères*, sont celles dont les pédoncules particuliers sont insérés sur différents points de la tige, et arrivent cependant à la même hauteur. Exemple : La mille-feuilles, la tanaisie, etc.

36. Les fleurs *en ombelle*, ou *ombellifères*, sont celles dont les pédoncules particuliers sont insérés au même point de la tige, et s'élèvent à la même hauteur. Exemple : La ciguë.

37. L'*involucre* de l'ombelle principale s'appelle *colérette universelle*, et l'*involucelle* des ombellules, *colérette partielle*.

38. La base commune des fleurs composées prend le

nom de *réceptacle*, et chaque petite fleur celui de *fleuron* et de *demi-fleuron*.

39. On nomme *flosculeuses* les fleurs composées de fleurons, et *demi-flosculeuses* celles qui sont composées de demi-fleurons.

40. On nomme *radiées*, les fleurs environnées d'une couronne de demi-fleurons, et dont le milieu est composé de fleurons.

41. La fleur *glumacée* se compose de deux enveloppes; l'une extérieure, représentant le calice, est nommée *glume*, et l'autre intérieure, représentant la corolle, est nommée *balle*. Exemple : Les graminées

42. les fleurs *mâles*, sont celles qui ne contiennent que des étamines, et les fleurs *femelles* sont celles qui ne contiennent que des pistils.

43. Le *fruit*, en botanique, est tout ovaire fécondé, accrû et parvenu à maturité.

44. On nomme *péricarpe* l'enveloppe de la graine des plantes; *placenta*, la loge intérieure qui contient la graine, et *suture* la ligne qui sépare les valves ou pièces distinctes.

45. Le *péricarpe* prend le nom de capsule, quand il a la forme d'une espèce de boite composée à l'extérieur de plusieurs pièces ou valves.

46. La *baie* est un fruit de forme ronde ou ovale, formé d'une pulpe molle et succulente à sa maturité, qui contient une ou plusieurs semences. Exemple : la tomate, la pomme, la poire, etc.

47. Le fruit des plantes *légumineuses* prend le nom de *gousse* ou *légume*, et celui des *crucifères* le nom de *silique*.

48. On appelle *aigrette* une espèce de plumet, qui

termine un grand nombre de semences, telles que celles du pissenlit.

49. On appelle *phanérogames* les plantes dont les organes de la fécondation sont connus; *agames*, celles dont ces mêmes organes sont peu connus, et *chryptogames*, celles desquelles ces mêmes organes sont inconnus.

50. On appelle *hermaphrodites* ou *bissexuelles*, les plantes dont les fleurs ont des étamines et des pistils, et *diclines* ou *unisexuelles*, celles qui n'ont que des étamines ou des pistils.

51. On appelle *monoïques* les plantes qui ont des fleurs mâles et des fleurs femelles; et *dioïques*, celles qui ont des fleurs unisexuelles sur des pieds différents.

52. On appelle *polygames*, les plantes qui réunissent en même temps des fleurs unisexuelles et bisexuelles.

53. Les plantes sont *annuelles*, quand elles périssent tous les ans; et *bisannuelles*, quand elles ne fleurissent qu'à la deuxième année, à la fin de laquelle elles meurent.

53. Les plantes *vivaces* sont celles dont la racine subsiste plusieurs années, quoique la tige périsse tous les ans.

55. Les plantes *annuelles* sont marquées, dans les jardins botaniques, du signe de la terre ♁, dont la révolution autour du soleil est d'un an; les *bisannuelles*, du signe de Mars ♂, dont la révolution est de deux ans, et les *vivaces*, du signe de Jupiter ♃, dont la révolution est de douze ans.

56. Par rapport à leurs propriétés médicinales, les plantes sont *anodines*, quand elles calment les douleurs; *purgatives*, quand elles ont la propriété de faire évacuer

les humeurs ; *émétiques* ou *vomitives*, quand elles excitent au vomissement ; *béchiques* ou *pectorales*, quand elles sont bonnes pour la poitrine ; *diurétiques*, quand elles provoquent les urines ; *apéritives*, quand elles sont bonnes pour lever les obstructions ; *sudorifiques*, quand elles excitent la transpiration ; *cordiales*, quand elles soulagent le cœur ; *ophthalmiques*, quand elles sont bonnes pour guérir les yeux ; *vermifuges*, quand elles chassent les vers ; *fébrifuges*, quand elles chassent la fièvre ; *carminatives*, quand elles chassent les vents ; *antiscorbutiques*, quand elles sont propres à guérir du scorbut ; *astringentes*, quand elles ont la propriété de resserrer ; *laxatives*, quand elles relâchent ; *détersives*, quand elles sont bonnes à nettoyer les plaies ; *vulnéraires*, quand elles guérissent les plaies ; *émolientes*, quand elles sont propres à adoucir l'âcreté des humeurs ; *sommifères* ou *narcotiques*, quand elles provoquent le sommeil ; *dépuratives*, quand elles dépurent le sang ; *toniques*, quand elles fortifient le cœur ; *digestives*, quand elles facilitent la digestion ; *stomachiques*, quand elles soulagent l'estomac.

57. On appelle plantes *céphaliques*, celles qui sont bonnes contre les maladies qui affectent le cerveau, telles que l'apoplexie, la paralysie, l'épilepsie, la léthargie, etc.

58. Les plantes *raffraîchissantes* s'emploient dans les fièvres ardentes, les inflammations des viscères, les rétentions d'urine, etc.

59. Les végétaux représentent deux modes de reproductions, savoir : la *multiplication naturelle* ou par génération, et la multiplication *artificielle* ou par propagation.

60. La multiplication *naturelle* s'opère au moyen de la *graine*, et l'*artificielle* au moyen de la *marcotte*, de la *bouture* et de la *greffe*.

61. La *marcotte* consiste à enterrer une branche tenant au pied-mère, afin de lui faire pousser des racines, et la séparer ensuite de la tige. On fait usage du marcottage particulièrement pour la vigne.

62. La bouture consiste à détacher la branche du plant avant de la fixer en terre. Elle réussit pour le saule, le peuplier, la vigne, etc.

63. La *greffe* consiste à faire servir à la nourriture d'un rameau privilégié nommé greffe ou bourgeon, toute la sève d'un tronc appelé sauvageon ou sujet.

64. On distingue 3 principales espèces de greffes, la greffe par *approche*, la greffe en *fente* et la greffe en *écusson*.

65. Certaines plantes se *multiplient* par les bulbes ou bulbilles, telles que la pomme de terre, la tulipe, le dhalia, etc.; d'autres par les drageons, petites branches qui naissent du collet de la racine de certains végétaux.

66. On appelle *cotylédons* ou feuilles séminales, les premières feuilles qu'on observe à la naissance des plantes. Ces feuilles sont formées par la semence d'où provient la plante.

67. On appelle plantes *accotylédones*, celles qui n'ont point de cotylédon, *monocotylédones*, celles qui ont un cotylédon, et *dicotylédones*, celles qui ont plusieurs cotylédons.

Classification des végétaux.

68. On compte en *botanique* plus de 80,000 espèces de végétaux. Pour les distinguer plus facilement, plusieurs botanistes ont imaginé certaines méthodes dont les principales sont celle de *Tournefort* celle de *Linné*, celle de *Jussieu* et celle de *Decandolle.*

68. *Tournefort* divise les végétaux en 22 classes basées en général, sur la disposition de la corolle.

70. *Linné* divise les végétaux en 24 classes, fondées en général, sur le nombre et le caractère des étamines.

71. La méthode de *Jussieu* et celle de Decandole consiste à diviser les végétaux en familles naturelles, c'est-à-dire en groupes qui se ressemblent par un grand nombre de points communs.

72. La méthode de *Jussieu* comprend 3 grandes divisions, savoir : les plantes *accotylédones*, les *monocotylédones* et les *dicotylédones ;* ces trois divisions sont subdivisées en 15 classes.

73. La méthode de *Decandolle* consiste à diviser les végétaux en 4 grandes classes, savoir : les plantes *dicotylédonées*, les *monocotylédonées phanérogames*, les *monocotylédonées cryptogames*, et les *accotylédonées.*

74. La première classe de cette méthode se divise en 4 sous-classes, savoir : les *thalamiflores*, les *caliciflores*, les *corolliflores*, et les *monochlamidées.*

PREMIÈRE CLASSE.

SOUS-CLASSE 1re.

Thalamiflores.

Les plantes de cette sous-classe ont les étamines insérées sous l'ovaire, le calice polysépale; plusieurs pétales libres insérés sur le réceptacle, non adhérents au calice.

75. Les principaux ordres ou familles des *Thalamiflores*, sont : les **renonculacées**, les **berbéridées**, les **papavéracées**, les **fumariacées**, les **crucifères**, les **cistinées**, les **violariées**, les **caryophyllées**, les **malvacées**, les **tiliacées**, les **aurantiacées**, les **hypéricées**, les **acérinées**, les **vignifères**, les **géraniacées**, les **tropéolées**, les **balsaminées**, les **oxalidées**, les **rutacées**, etc.

76. Les **renonculacées** comprennent, la *clématite* ou herbe aux gueux, plante purgative et irritante, dont les mendiants se servent pour ulcérer leur peau; le *pigamon*, *l'anémone*, *l'adonide*, (or), la *renoncule* dont plusieurs espèces sont vénéneuses, le *populage* (or), *l'ellébore noir* (rose de Noël) qui est médicinal, et *l'ellébore fétide* qui est un violent purgatif; *l'aconit napel*,

---

Or, veut dire plantes d'ornement, cultivées dans les jardins pour la beauté de leurs fleurs.

violent poison ; la *nig'lle* (or), l'*ancolie* (or), la *dauphinelle* ou *pied d'alouette* (or), la *pivoine* (or), etc.

77. Les **berbéridées** comp. le *berbéris ou vinetier* dont le fruit appelé épine-vinette sert à faire des confitures.

78. Les **papavéracées** comp. 1° le *pavot* dont le suc blanc et laiteux est un puissant narcotique : les têtes seules ne contiennent pas ce suc, et nous donnent l'huile d'œillette : le pavot somnifère ou d'orient, donne par incision, l'opium des orientaux ; le *pavot coquelicot* fournit une tisane anodine ; la *chélidoine* ou *grande éclaire*, dont le suc est vénéneux ; le *glaucium* (or), etc.

79. Les **fumariacées** comp. la *fumeterre* employée pour dépurer le sang ; le *corydalis*, etc.

80. Les **crucifères** comp. le *quarantin* (or) ; la *giroflée ou violier* (or) ; le *cresson des fontaines* dont les feuilles sont antiscorbutiques ; le *cochléaria* ou *raifort sauvage* dont les feuilles âcres et amères sont antiscorbutiques et bonnes contre le gonflement des gencives ; le *sysimbre*, la *julienne* ou *girarde* (or), l'*arabette*, l'*ibéride* ou *tharaspi* (or), la *sénébière* ou *coronope-corne-de-cerf*, la *capselle* ou *bourse-à-pasteur* ; la *moutarde*, dont les graines broyées, aromatisées avec l'estragon, l'ail, etc., fournissent l'assaisonnement de ce nom ; le *chou*, dont les principales espèces sont la navette et le colza, dont les graines fournissent une huile grasse ; le chou-pommé, le chou-frisé, le chou-fleur, le chou-rave, le *navet*, la *rave*, le *radis* ou *raifort cultivé*, etc.

81. Les **cistinées** comprennent le *ciste*, l'*hélianthème*, etc.

82. Les **violariées** comprennent la *violette com-*

mune, qui est stomachique, la *violette pensée* (or), la *violette sauvage*, qui est dépurative, etc.

83. Les **caryophyllées** comprennent l'*œillet* (or). (principales espèces : œillet-des-jardins, œillet-barbu, œillet-sauvage). La *saponaire* (principales espèces : saponaire-officinale, saponaire-faux-basilic, saponaire-des vaches). Le *silène*, la *lichnide* (principales espèces : lichnide-dioïque, lichnide-Croix-de-Jérusalem (or), lichnide-nielle, lichnide-sauvage). La *stellaire* (stellaire-des-blés, stellaire-mouron des oiseaux). La *sabline*, le *céraiste* (céraiste-cotonneux, céraiste-des-champs); le *lin*, etc.

84. Les **malvacées** comprennent la *mauve* et la *guimauve*, dont on emploie les racines, les feuilles et les fleurs pour diverses préparations émollientes; la *rose-à-bâton* (or), la *malope* (or), le *baobab* du Sénégal, le plus gros des végétaux; il a jusqu'à 35 mètres de tour; le *cacaoyer*, dont les graines, finement broyées, fournissent le chocolat; le *cotonnier*, dont les graines sont enveloppées d'un duvet fin appelé coton, etc.

85. Les **tillacées** comprennent le *tilleul*, dont les fleurs servent à faire une tisane antispasmodique, et l'écorce, des toiles et des cordes aussi souples que tenaces.

86. Les **aurantiacées** comprennent l'*oranger*, arbre des pays chauds, dont on emploie les feuilles, les fleurs, les fruits et l'écorce; le *limonier* et le *citronnier*, dont les fruits servent à faire de la limonade; l'*arbre à thé*, dont les feuilles roulées et desséchées fournissent le thé du commerce; le *camélia*, (or), etc.

87. Les **hypéricées** comprennent l'*hipéris* ou *mille-pertuis*.

88. Les **acérinées** comprennent *l'érable*, le *sycomore*, le *marronnier d'Inde*, etc.

89. Les **vignifères** comprennent la *vigne commune*, la *vigne vierge*, etc.

90 Les **géraniacées** comprennent le *géranium*, le *pélargonium*, *l'érodium*, etc.

91. Les **tropéolées** comprennent la *capucine*, dont les fleurs se mangent avec la salade.

92. Les **balsaminées** comprennent la *balsamine* ou *impatiente*.

93. Les **oxalidées** comprennent l'*oxalide*, d'où l'on tire le sel d'oseille.

94. Les **rutacées** comprennent la *rue*, plante médicinale énergique.

SOUS-CLASSE 2.

Plantes Caliciflores.

Etamines insérées sur le calice.

95. Les principaux ordres ou familles des *caliciflores*, sont : les **ramnées**, les **légumineuses**, les **rosacées**, les **myrtées**, les **cucurbitacées**, les **loasées**, les **portulacées**, les **paronyquées**, les **crassulées**, les **cactiers**, les **grossulariées**, les **saxifragées**, les **ombellifères**, les **caprifoliacées**, les **rubiacées**, les **valérianées**, les **dipsacées**, les **composées** ou **conjointes**, etc.

96. Les **ramnées** comprennent le *nerprun*, dont le suc des fruits fournit le vert de vessie; le *houx épi-*

neux, dont la jeune écorce fournit la glu; le *fusain*, dont le bois fournit un excellent charbon pour le dessein et pour la fabrication de la poudre à canon; le *jujubier*, qui donne les jujubes, etc.

97. Les **légumineuses** comprennent l'*ajonc*, le *genêt*, la *bugrane* ou *arrête-bœuf*, l'*anthyllide*, la *luserne*, le *mélilot*, le *trèfle*, la *réglisse*, le *lotier*, le *galéga*, le *robinier-parasol*, la *coronille*, le *sainfoin* ou *esparcette*, le *pois-chiche*, la *vesce*, l'*ers*, la *lentille*, le *pois*, la *gesse*, le *haricot*, le *lupin*, l'*acacia*, dont une espèce donne la gomme arabique, le *bois-d'Inde* ou *de Brésil*, le *gaînier*, ou *arbre-de-Judée*, la *sensitive*, le *sené*, qui est un puissant laxatif, etc.

98. Les **rosacées** comprennent l'*amandier*, le *prunier*, le *cerisier* (cerisier bigarreautier, cerisier griotier), le *pêcher*, l'*abricotier*, la *spirée* (or), la *ronce*, le *framboisier*, la *potentille* (potentille fraisier, potentille frutiqueuse), l'*aigremoine*, la *pimprenelle*, le *rosier*, l'*alizier*, le *poirier* (poirier commun, poirier des oiseaux), le *sorbier*, le *cognassier*, le *pommier*, etc.

99. Les **myrtées** comprennent le *myrte*, dont toutes les parties sont astringentes; le *grenadier*, arbre d'Afrique, dont la racine en décoction est un spécifique contre le ver solitaire; le *bois-gentil*; le *giroflier*, dont les boutons cueillis avant leur épanouissement, sont vendus comme aromates sous le nom de clous de girofle, etc.

100. Les **cucurbitacées** ou *courges*, comprennent la *coloquinte*, violent purgatif; la *courge-potiron* ou *citrouille* (courge-des-pélerins, courge-trompette, courge-fausse-orange); le *concombre*, le *melon*, la *bryone dioïque*, etc.

101. Les **loasées** comprennent l'*escolzie* (or).

101'. Les **portulacées** comprennent le *portulaca* (or), le *pourpier*, plante grasse alimentaire qui se mange en salade.

102. Les **paroniquiées** comprennent la *paronique*, l'*herniaire*, etc.

103. Les **crassulées** comprennent la *crassule*, le *sédum* ou *pain-d'oiseau*, l'*orpin* (or), la *joubarbe*, etc.

104. Les **cactiers** comprennent toutes les diverses espèces de plantes grasses, qu'on appelle *cactus*, tels que le *figuier de Barbarie*, le *cierge-pascal*, etc.

105. Les **grossulariées** comprennent le *groseillier* (groseillier rouge, groseillier noir ou cassis, groseillier épineux).

106. Les **saxifragées** comprennent la *saxifrage*, (saxifrage à feuilles aiguës).

107. Les **ombellifères** comprennent le *panicaut*, l'*ache-douce* ou *céleri*, l'*anis*, dont on retire l'huile volatile d'anis, le *persil*, le *cerfeuil*, le *panais*, le *fenouil*, le *séséli*, le *chervis*, l'*angélique*, la *berce*, la *carotte*, le *caucalide*, la *ciguë*, plante indigène très-vénéneuse, qui ressemble beaucoup au persil, mais on la distingue en ce que le persil a des fleurs jaune-verdâtre et une odeur aromatique, tandis que la ciguë a les fleurs blanches et une odeur nauséabonde.

108. Les **caprifoliacées** comprennent le *lierre*, le *cornouiller*, le *sureau*, dont les fleurs sont employées comme sudorifiques; le *sureau-yèble*, la *viorne* ou *boule-de-neige* (or), la *symphorine* (or), le *chèvre-feuille*, le *gui*, dont la baie renferme un suc visqueux appelé glu; l'*hortensia*, etc.

109. Les **rubiacées** comprennent la *garance*, plante

vivace et spontanée du midi, dont la racine fournit une teinture rouge très-solide ; le *gaillet* (gaillet jaune, gaillet blanc, gaillet croisette) ; le *cafier*, arbrisseau originaire d'Arabie, qui nous donne le café ; le *cinchona* du Pérou, dont l'écorce fournit le quinquina, qui est le meilleur fébrifuge que l'on connaisse ; l'*ipécacuanha* du Pérou, dont la racine fournit la poudre vomitive de ce nom.

110. Les **valérianées** comprennent la *mâche* ou *doucette*, qui se mange en salade ; la *valériane* (or), etc.

111. Les **dipsacées** comprennent la *cardère* ou *chardon-à-foulon* ; la *scabieuse*, plante médicinale, etc.

112. Les **composées** comprennent l'*eupatoire*, la *cacalia*, le *tussillage* ou *pas-d'âne*, l'*aster*, la *verge-d'or*, la *reine-marguerite*, la *paquerette* ou *petite-marguerite*, le *buphthalme*, le *dahalia*, la *zinnie*, le *galliopsis*, le *corréopsis*, l'*hélianthe* ou *soleil*, le *tagette* ou *œillet-d'Inde*, la *camomille*, le *renonculier-d'automne*, l'*achillée* ou *mille-feuilles*, la *santoline*, le *leucanthème* ou *grande-marguerite*, la *balsamite*, l'*armoise*, l'*absinthe*, l'*estragon*, le *pyrèthre*, le *chrysanthème*, l'*arnique*, plante très-vulnéraire, la *tanaisie*, le *seneçon* (seneçon élégant, seneçon à feuilles-de-roquette, seneçon visqueux, seneçon des champs) ; le *souci*, l'*immortelle*, la *centaurée*, le *chardon*, l'*artichaut*, la *bardane*, la *chicorée* (chicorée endive, chicorée sauvage) ; la *dent-de-lion*, le *pissenlit*, le *salsifis*, la *scorsonère*, la *laitue* (laitue pommée, laitue vivace, laitue frisée, laitue romaine, laitue sauvage) ; la *condrille*, la *crépide*, la *barkausie*, le *laiteron*, l'*épervière*, etc.

113. Les **campanulacées** comprennent la *raiponce*, la *campanule* (campanulle-carilon, campanule-

naine) ; le *prismatocarpe des champs*, ou *miroir de Vénus*, etc.

SOUS-CLASSE 3.

Plantes Corolliflores.

Etamines insérées sur la corolle.

114. Les principales familles des corolliflores sont : les **ébénacées**, les **oléinées**, les **jasminées**, les **apocynées**, les **gentianées**, les **bignoniacées**, les **polémiacées**, les **convolvulacées**, les **borraginées**, les **solanées**, les **antirrhinées**, les **rinanthacées**, les **labiées**, les **acanthacées**, les **primulacées**, etc.

115. Les **ébénacées** comprennent l'*ébène*, le *plaqueminier*, le *styrax-benzoé*, qui nous fournit le benjoin; le *bois-de-fer*, etc.

116. Les **oléinées** comprennent l'*olivier*, dont le fruit broyé et pressé nous donne l'huile d'olive.

117. Les **jasminées** comprennent le *jasmin*, le *troène*, le *lilas*, le *frêne-commun*, le *frêne-orme*, d'où découle, par incision, le suc légèrement purgatif appelé manne, etc.

118. Les **apocynées** comprennent le *laurier-rose*, qui possède des propriétés vénéneuses; le *strichnos*, arbrisseau de l'Inde, dont les graines fournissent la noix vomique; la *fève-de-St-Ignace*, qui est un poison violent; la *pervenche*, etc.

119. Les **gentianées** comprennent le *trèfle d'eau*, plante dépurative, la *gentiane*, plante employée dans la médecine, etc.

120. Les **bignoniacées** comprennent le *bignonia* (or), le *penstémon* (or), etc.

121. Les **polémiacées** comprennent la *polémoine*, la *fuchie*, le *phlox*, etc., qui sont des plantes d'ornement.

122. Les **convolvulacées** comprennent le *liseron* (convolvulus), la *gobée*, la *cuscute*, plante parasite qui vient dans les prés, etc.

123. Les **borraginées** comprennent l'*héliotrope* (héliotrope d'Europe, héliotrope des jardins); la *vipérine*, le *gremil*, la *consoude*, dont on emploie la racine et les feuilles contre les hémorragies; la *buglosse*, la *bourrache*, qui est sudorifique; le *miosotis plus je vous vois plus je vous aime*, la *cynoglosse*, etc.

124. Les **Solanées** comprennent le *liciet*, la *morelle-noire* ou *douce-amère*, la *pomme-de-terre*, originaire du Pérou, et transportée en France vers le milieu du 15ᵉ siècle; la *tomate* ou *pomme-d'amour*, dont la baie rouge se met dans les sauces; le *coqueret*, l'*aubergine*, plante alimentaire; la *belladone*, dont les fruits semblables à des cerises, sont un poison violent; la *stramoine* (or), le *tabac*, plante originaire d'Amérique, dont les feuilles nous fournissent le tabac; le *pétunia* (or), le *piment* ou *poivreau*, dont le fruit fort et piquant s'emploie comme assaisonnement; la *jusquiame*, plante médicale très-vénéneuse; la *molène* ou *bouillon-blanc*, dont les fleurs sont adoucissantes et pectorales, etc.

125. Les **antirrhinées** comprennent la *digitale*, le *muflier* ou *gueule-de-lion*, la *linaire*, etc.

126. Les **rhinanthacées** comprennent le *mélampire des champs* ou *rougeotte*, la *rhinanthe*, la *véronique* (or), etc.

127. Les **labiées** sont toutes des plantes aromatiques ; elles doivent cette propriété à la présence d'une huile essentielle qui se volatilise. Cette huile, unie à l'esprit de vin, forme les différents parfums qu'on vend sous le nom d'eau de Cologne, de mélisse, de lavande, etc.

128. Ces plantes sont aussi presque toutes médicinales, et comprennent le *romarin*, la *sauge* (sauge officinale, sauge des prés, sauge glutineuse); la *germandrée*, l'*hysope*, le *galéobdolon*, l'*agripaume*, la *ballate*, le *marrube*, la *bétoine*, le *galéopsis*, le *lamier* (lamier taché, lamier ortie-blanche) ; le *glécome* ou *lierre-terrestre*, la *chataire*, la *lavande*, la *sariette*, la *menthe* (menthe sauvage, menthe poivrée); le *thym* (thym vulgaire, thym serpolet) ; la *mélisse*, le *mélite*, l'*origan*, le *basilic* (basilic nain, basilic romain) ; la *brunelle*, la *tauque*, la *verveine* (verveine officinale, verveine d'aublet), etc.

129. Les **acanthacées** comprennent l'*acanthe*.

130. Les **primulacées** comprennent la *primevère*.

SOUS-CLASSE 4.

Monochlamidées.

A une seule enveloppe.

131. Les principales familles des *monochlamidées* sont : les **plantaginées**, les **nyctaginées**, les

amaranthacées, les **arrochées**, les **polygonées**, les **laurinées**, les **aristolochées**, les **euphorbiacées**, les **résédacées**, les **urticées**, les **amentacées**, les **juglandées**, les **conifères**, etc.

132. Les **plantaginées** comprennent le *plantain* (plantain à petites feuilles, plantain à grandes feuilles, etc.)

133. Les **nyctaginées** comprennent la *nyctage* ou *belle de nuit* (or).

134. Les **amaranthacées** comprennent l'*amaranthe* (or), la *gomphrène* (or), etc.

135. Les **arrochées** comprennent l'*arroche*, la *blette*, la *bette*, la *betterave*, l'*épinard*, l'*anserine* (anserine commune, anserine rougeâtre, anserine bon-Henri); la *soude*, etc.

136. Les **polygonées** comprennent la *rhubarbe*, dont la racine est tonique et purgative; la *patience* (patience ordinaire, patience sanguine, patience petite-oseille); la *renouée* (renouée sarrasin, renouée oseille, renouée persicaire, renouée poivre-d'eau, renouée des oiseaux), etc.

137. Les **laurinées** comprennent le *laurier commun*, dont les feuilles servent à aromatiser les aliments; le *laurier cannellier*, dont l'écorce roulée nous fournit la cannelle; le *laurier camphrier*, d'où nous vient le camphre; le *muscadier*, qui donne la noix muscade, etc.

138. Les **aristolochées** comprennent l'*aristoloche-trompette*, l'*aristoloche-clématite*, etc., plantes employées en médecine.

139. Les **euphorbiacées** comprennent l'*euphorbe*

(euphorbe verruqueux, euphorbe-cyprès, euphorbe à feuilles de saule, euphorbe réveille-matin) ; le *buis*, le *ricin* ou *palma-christi*, qui donne par pression l'huile grasse, appelée l'huile de palma-christi ; le *tournesol*, dont une espèce fournit la laque, et une autre la couleur bleue dite tournesol ; le *médicinier-manioc*, qui fournit le tapioka, fécule excellente pour les estomacs faibles ; l'*hévée* de la Guiane, dont le suc épaissi donne le caoutchouc ou gomme élastique, etc.

140. Les **résédacées** comprennent le *réséda*, dont les principales espèces sont le réséda odorant, le réséda jaune, le réséda blanc, etc.

141. Les **urticées** comprennent le *chanvre*, dont la tige, macérée dans l'eau (ce qu'on appelle rouissage), sert à la confection de la toile, des cordages, etc. Les graines du chanvre femelle, appelées chenevis, donnent une huile à brûler ; le chanvre mâle ne rapporte point de graines ; la *pariétaire*, plante raffraîchissante, qui croît dans les fentes des vieux murs ; l'*ortie*, dont la piqûre est brûlante ; le *houblon*, dont les fleurs femelles donnent à la bière son arôme et sa saveur ; le *mûrier noir*, dont le fruit donne un sirop excellent contre les inflammations de la gorge ; le *mûrier blanc*, dont les feuilles servent à la nourriture des vers à soie ; le *figuier*, le *poivrier*, qui croît dans l'Inde, et dont le fruit desséché nous donne le poivre ; l'*arbre à pain*, dont le fruit, gros comme la tête d'un homme, sert de nourriture aux insulaires de la mer du sud, etc.

142. Les **amentacées** comprennent l'*orme*, le *bouleau*, l'*aulne*, le *saule* (saule commun, saule de rivage, saule pleureur, saule osier) ; le *peuplier*, dont les bourgeons fournissent l'onguent populéum(peuplier-tremble

ou bois blanc, peuplier pyramidal); le *hêtre*, dont les fruits, nommés faînes, donnent une huile fine ; le *châtaignier*, dont les fruits s'appellent châtaignes quand il y reste plus d'une graine, et marrons, quand une seule graine a mûri ; le *chêne commun*, qui fournit le tanin, et la noix de galle, qui sert dans la teinture ; le *chêne-liége*, dont l'écorce fournit le liége ; le *noisetier* ou *coudrier*, le *charme*, le *platane*, etc.

143. Les **juglandées** comprennent le *noyer* (juglans), dont le fruit, appelé noix, sert à faire de l'huile; le *pistachier*, qui nous donne les pistaches ; l'*acajou*, le *baumier* ou *balsamier*, d'où nous vient le baume et l'encens, etc.

144. Les **conifères** comprennent l'*if*, le *genevrier*. dont les baies donnent un cordial estimé et une liqueur spiritueuse ; le *cyprès*, le *thuya*, dont une espèce nous donne la sandaraque ; le *pin*, grand arbre qui fournit différentes résines, telles que la térébenthine, la colophane, la poix noire et le goudron : la térébenthine purifiée produit la poix de Bourgogne, avec laquelle on fait des emplâtres résolutifs ; la colophane sert à frotter les archets de violon ; le goudron résulte de la combustion des branches ; le *sapin*, très-utile à la menuiserie ; le *mélèze*, d'où l'on retire la térébenthine de Venise, employée en médecine ; le *cèdre du Liban*, etc.

DEUXIÈME CLASSE.

145. La deuxième classe se divise en deux sous-classes : les *Pétalloïdes* et les *Glumacées*.

SOUS-CLASSE 1.

Pétalloïdes.

146. Les principales familles des *Pétalloïdes* sont : les **alismacées**, les **orchidées**, les **iridées**, les **amarillydées**, les **asparaginées**, les **palmiers**, les **bananiers**, les **balisiers**, les **liliacées**, les **hémérocalidées**, les **colchicacées**, etc.

147. Les principaux genres des **alismacées** sont : le *fluteau* ou *plantain d'eau* (alisma), le *potamot*, etc.

148. Les **orchidées** comprennent l'*orchis*, dont les bulbes desséchées fournissent le salep, fécule qui convient aux convalescents ; le *vaniller*, dont les graines, nommées vanilles, servent à parfumer le chocolat, les liqueurs, etc.

148'. Les **iridées** comprennent l'*iris* (or), le *safran*, dont les stigmates fournissent une couleur jaune.

149. Les **amarillydées** comprennent l'*amarillys*, le *narcisse* (narcisse jonquille, narcisse commun, narcisse bicolore) ; la *nivéole* ou *perce-neige*, etc

150. Les **asparaginées** comprennent l'*asperge*, plante alimentaire, le *muguet* (or), le *fragon* ou *petit houx*, la *salsepareille*, plante médicinale sudorifique ori-

ginaire de l'Amérique; l'*agavé*, plante textile des pays chauds, qui ne fleurit que tous les cent ans.

151. Les **palmiers**, plantes exotiques des pays chauds, comprennent le *palmier dattier*, dont le fruit appelé datte est sucré; le *palmier-cocotier*, dont le fruit appelé coco est gros comme la tête d'un homme, et renferme un lait rafraîchissant et sucré; le *palmier-sagoutier*, dont la moëlle fournit, par expression, le sagou, fécule propre aux estomacs débiles.

152. Les **bananiers**, originaires de l'Inde, comprennent le *bananier*, dont le fruit, appelé banane, offre une précieuse nourriture, et ses feuilles, longues de 6 pieds et larges de 3, une couverture pour les toits.

153. Les **balisiers** ou **cannes d'Inde**, comprennent le *gingeambre*, dont la racine est employée comme épice, comme diurétive, digestive et carminative; le *curcuma*, dont la racine fournit un principe colorant jaune.

154. Les **liliacées** comprennent la *tulipe* (or), le *lis*, plante d'ornement dont on fait des cataplasmes propres à guérir les tumeurs; l'*asphodèle* (or), la *jacinthe* (or), le *muscari*, l'*ail* (ail commun, ail civette, ail échalotte, ail oignon, ail des vignes, ail poireau); l'*aloès*, plante originaire d'Afrique, dont le suc, pris à forte dose, est un purgatif énergique, etc.

155. Les **hémérocallidées** comprennent l'*hémérocalle* (or).

156. Les **colchicacées** comprennent la *colchique*.

SOUS-CLASSE 2.

Glumacées.

157. Les principales familles des *glumacées* sont : les **joncées**, les **aroïdées**, les **typhéacées**, les **cypéracées**, les **graminées**, les **lemnées**, etc.

158. Les **joncées** comprennent le *jonc*, la *luzule*, etc.

159. Les **aroïdées** comprennent les différentes espèces de *gouets* ou *pieds-de-veau*, dont la fécule, favorable aux estomacs délicats, est connue sous le nom anglais d'arrowroot.

160. Les **typhéacées** comprennent les *massettes*, plantes aquatiques, qui servent à faire des nattes; le *rubanier*, etc.

161. Les **cypéracées** comprennent le *souchet*, le *carex*, le *choin*.

162. Les **graminées** comprennent le *maïs*, le *riz*, l'*andropogon*, le *chiendent*, le *calamagrostis*, le *millet* (millet cultivé, millet des vignes), le *phalaris*, la *phléole*, le *vulpin*, la *mélique*, le *roseau* (roseau-canne de Provence, roseau à balais), le *bambou*, plante des pays chauds, dont la tige s'élève à la hauteur des plus grands arbres, et sert à faire des cannes; l'*avoine*, le *brome*, la *fétuque* (fétuque ciliée, fétuque stérile); le *dactile*, le *paturin*, la *canne à sucre*, le *froment* (froment cultivé, froment des bois); le *seigle*, l'*ivraie*, l'*orge* (orge à six rangs, orge à deux rangs, orge des prés), etc,

163. Les **lemnées** comprennent la *lenticule d'eau*.

TROISIÈME CLASSE.

Monocotylédonées chryptogames.

164. Les principales familles de la troisième classe sont : les **équisétacées**, les **fougères**, etc.

165. Les **équisétacées** comprennent la *prêle*, plante vivace, qui croît dans les lieux humides.

166. Les **fougères** comprennent le *céterach*, le *polypode*, la *fougère* (fougère mâle, fougère femelle), le *doradille*, le *capillaire*, dont on fait un sirop pectoral, la *scolopendre*, etc.

QUATRIÈME CLASSE.

Acotylédonées.

167. Les principaux ordres de la quatrième classe sont : les **champignons**, les **algues**, les **mousses**, les **lichens**, les **moisissures**, etc.

168. Les **champignons**, dont les uns sont comestibles et les autres vénéneux, comprennent : 1° les *agarics*, champignons charnus, en forme de parasol, et dont le chapeau est garni en-dessous de feuillets rayonnants ; 2° le *bolet*, dont une espèce, le bolet amadouvier, qui croît sur le chêne, le noyer, etc., fournit l'amadou ; 3° les *truffes*, champignons charnus qui vi-

vent sous terre, et dont la truffe comestible est une espèce, etc.

169. Les **algues** sont des plantes aquatiques qui comprennent ; 1° les *varechs* ou *fucus*, qui croissent sur les rochers, et dont la combustion fournit la soude ; 2° la *mousse de Corse*, qui est un excellent vermifuge, etc.

170. Les **lichens** sont des plantes qui vivent sur l'écorce des arbres, sur la terre ou sur les rochers. Ils comprennent le *lichen d'Islande*, employé comme tonique, et le *lichen pulmonaire*, qui croît sur le chêne, et a les mêmes propriétés que le lichen d'Islande.

ZOOLOGIE.

1. La *zoologie* est la partie de l'histoire naturelle qui traite des animaux et de leur classification.

2. La vie *animale* diffère de la vie *végétale*, en ce que les animaux sont pourvus de la faculté de sentir et de se mouvoir, et qu'ils ont une manière de se nourrir et de respirer, qui ne ressemble point à celle des plantes.

3. Pour se *nourrir*, les végétaux pompent les sucs nourriciers par tous les pores de leur surface extérieure, au lieu que les animaux introduisent leurs aliments par une bouche, dans une cavité intérieure nommée estomac.

4. Les végétaux *respirent* l'air par tous les points de leur surface extérieure, et les animaux respirent, les uns par des poumons, comme les mammifères, les autres par des branchies, comme les poissons, et les autres par des trachées, comme les insectes.

Classification des Animaux.

—

5. On compte plus de 80,000 espèces d'animaux.

6. La *classification* des animaux la plus généralement adoptée, est celle de George Cuvier.

7. Ce célèbre naturaliste divise les animaux en quatre embranchements, savoir : les **vertébrés**, les **annélés** ou **articulés**, les **mollusques** et les **rayonnés** ou **zoophytes**.

PREMIER EMBRANCHEMENT.

Vertébrés.

8. On appelle *vertébrés* les animaux qui ont une colonne vertébrale, charpente osseuse composée de 32 petits os appelés vertèbres, liés ensemble par la moëlle èpinière.

9. Les animaux vertébrés se divisent en quatre classes, savoir : les **mammifères**, les **oiseaux**, les **reptiles** et les **poissons**.

PREMIÈRE CLASSE.

Mammifères.

10. On appelle mammifères, les animaux à mamelles qui allaitent leurs petits.

11. Ces animaux ont du sang pour la vie, des os pour la force, des muscles pour le mouvement, et des nerfs pour les sensations.

12. Les *mammifères* se divisent en huit ordres, savoir : les **bimanes**, les **quadrumanes**, les **carnassiers**, les **rongeurs**, les **édentés**, les **pachydermes**, les **ruminants** et les **cétacés**.

13. Le genre unique des bimanes (deux mains), est l'*homme*.

14. L'*homme* est le roi de la nature, par l'excellence de son organisation et la supériorité de son intelligence.

15. L'*homme* seul se tient droit, et a l'avantage de penser et d'exprimer ses pensées par la parole.

16. Le genre humain comprend cinq variétés, savoir : 1° les *blancs*, qui peuplent l'Europe, l'*est* de l'Asie et le nord de l'Afrique ; 2° les *nègres*, qui peuplent la plus grande partie de l'Afrique et de l'Océanie ; 3° les *jaunes*, qui peuplent l'*est* de l'Asie et le nord de l'Océanie ; 4° les *cuivrés*, qui comprennent la plus grande partie des indigènes des deux Amériques ; 5° les *nains*, qui peuplent le nord de l'Europe et de l'Amérique.

17. Le corps humain est composé de parties *solides* et de parties *fluides*.

18. Les principales parties solides du corps humain, sont : les *os*, les *muscles*, les *cartilages*, les *fibres*, les *nerfs*, les *artères*, les *veines*, les *membranes*, la *peau*, etc.

19. Les os sont un tissu de fibres solides, composées de phosphate de chaux et de gélatine ; ils sont creux à l'intérieur, et remplis d'une graisse très-fine nommée moëlle.

20. Les *fibres* sont des corps longs et grêles, qui forment toutes les parties du corps.

21. Les *muscles* sont des faisceaux de fibres, qui impriment aux os leurs divers mouvements.

22. Les *cartilages* sont des substances blanchâtres, polies et élastiques, qui n'ont pas de cavités ni par conséquent de moëlle.

23. Les *nerfs* sont des cordons cylindriques, qui partent du cerveau et de l'épine dorsale, et se distribuent dans toutes les parties du corps. C'est de leur tension et de leur flexibilité plus ou moins grandes, que naissent les tempéraments bilieux, colériques, phlegmatiques, sanguins, mélancoliques, etc.

24. Les *artères* sont des vaisseaux longs et coniques, qui reçoivent le sang du cœur et le poussent dans les veines. Le sang revient au cœur par les veines, et se purifie en passant par les poumons.

25. Les *artères* sont d'abord des troncs, mais elles se divisent en plusieurs branches, ce qui forme les veines; les veines se divisent à leur tour en une infinité de ramifications, dont les extrémités extrêmement fines, se nomment *vaisseaux capillaires*.

25'. Chaque battement du cœur imprime aux artères un mouvement appelé *pouls*. Les veines n'ont point de mouvement sensible, quoiqu'elles ne soient que la continuation des artères.

26. Les *veines* sont plus près de la peau que les artères; ce sont les veines que l'on pique dans les saignées, car la piqûre d'une artère pourrait causer la mort.

27. Les principales parties fluides du corps humain, sont : le *sang*, la *lymphe*, la *bile*, etc.

28. Le *sang* circule dans tout le corps par le moyen des artères, et revient au cœur par les veines.

29. Le *sang* se renouvelle et se réchauffe par le moyen de la respiration, produite par la dilatation et contractions alternatives des poumons.

30. L'*air*, quoique froid, réchauffe le sang, parce que la plus grande partie de l'oxigène qu'il contient est absorbée par les poumons; cet oxigène, remplacé par un égal volume environ d'acide carbonique, agit chimiquement sur le sang veineux que contiennent les poumons, et lui fait subir une espèce de combustion d'hydrogène et de carbone. Aussi, le sang des artères est plus pur et plus rouge que celui des veines.

31. Le *sang*, premier résultat de la nutrition, a, par une suite de transformations merveilleuses, la propriété de se convertir en chair, en humeur, en os, en moëlle, etc., et de communiquer la chaleur vitale à toutes les parties du corps.

32. La *lymphe* est une humeur aqueuse, distribuée par tout le corps par de petits vaisseaux appelés vaisseaux capillaires ou lymphatiques, auxquels nous devons la blancheur de la peau.

32'. La *bile* (produite par le foie), est une liqueur amère, contenue dans un réservoir particulier appelé vésicule du fiel.

33. Le corps humain se divise en *tête*, *cou*, *tronc*, *poitrine*, *bas-ventre* ou *abdomen*, et *membres*.

34. Les principales parties contenantes de la tête sont : le *crâne*, le *péricrâne*, les *muscles frontaux*, les *tempes*, le *sinciput*, l'*occiput*, etc.

35. Le *crâne* est une boîte osseuse qui contient le cerveau, siége de l'intelligence humaine. Sa base est percée d'un trou, appelé trou occipital, qui donne issue à la moëlle épinière.

36. Les deux principales parties *contenues* de la tête, sont le cerveau, situé à la partie antérieure, et le cervelet, situé à la partie postérieure.

37. Les deux mâchoires contiennent chacune 16 dents, dont 4 incisives, 2 canines et 10 molaires.

38. A l'épine du dos sont attachées les côtes, dont les sept premières sont appelées vraies côtes, parce qu'elles font le tour du corps, et viennent se réunir à un os situé devant la poitrine, que l'on nomme *sternum*. Les côtes qui ne font pas le tour du corps sont appelées fausses-côtes.

39. L'*œsophage* est le conduit par où les aliments descendent de la bouche dans l'estomac.

40. La *trachée-artère* est le canal par où l'air entre dans les poumons, et par où il en sort; c'est donc le principal organe de la respiration.

41. L'orifice supérieur de l'œsophage se nomme *pharynx*, et celui de la trachée artère *larynx* ou organe de la voix.

42. L'ouverture du larynx se nomme *glotte*, et le petit cartilage, situé au-dessus de la glotte, se nomme *épiglotte*.

43. L'*épiglotte* se couche sur la *glotte* lorsqu'on avale quelque chose, et empêche les aliments de descendre dans les poumons.

44. La *glotte* a la propriété de se rétrécir et de s'élargir à volonté, ce qui modifie les sons.

45. L'*estomac* est un grand vaisseau qui reçoit les aliments de l'œsophage ; c'est le principal organe de la digestion.

46. L'orifice d'entrée de l'estomac se nomme *cordia*, et celui de sortie se nomme *pylore*.

47. L'estomac produit une liqueur particulière, qui prépare les aliments à la digestion, en les convertissant en une bouillie grisâtre qu'on nomme chyle.

48. A partir de l'estomac, le canal alimentaire prend le nom d'intestins, dont le plus considérable est le *colon*.

49. L'épaule est composée de deux os, savoir : de l'*omoplate*, os plat et triangulaire, placé derrière le corps, au-dessus des côtes, et de la *clavicule*, os grêle, qui vient se rattacher au sternum.

50. Le bras est composé d'un seul os, nommé *humérus*, qui se meut en tous sens sur l'omoplate.

51. Lavant-bras est composé de deux os : du *cubitus* en dehors, retenu par une tubérosité nommée *olécrâne*, qui l'empêche de fléchir trop en arrière, et du *radius* en dedans, auquel se rattache la main.

52. La *main*, jointe à l'avant-bras par le poignet, est composée de cinq os allongés, qui portent chacun un doigt.

53. Les noms des cinq doigts sont : le *pouce*, l'*index*, le *majeur*, l'*annulaire* et l'*auriculaire*.

54. Les *doigts* des mains et des pieds sont composés chacun de trois osselets ou phalanges, excepté le pouce qui n'en a que deux.

55. Les deux hanches ne forment qu'un seul os

nommé *bassin*. La cuisse n'a aussi qu'un seul os nommé *fémur*, c'est le plus considérable du corps humain.

56. La jambe n'a que deux os : le *tibia*, en-dedans, et le *péronné*, en dehors.

57. La *rotule* est placée à l'articulation du fémur et du tibia, pour empêcher la jambe de fléchir trop en avant.

58. Les *os* se joignent ensemble par différents modes ; tantôt c'est une protubérence qui joue dans une cavité, d'autres fois ils s'engrènent les uns dans les autres, tels que les pariétaux et le frontal.

59. Dans les articulations des os, il coule une humeur grasse appelée *synovie*, destiuée à diminuer le frottement.

60. Le tégument commun de toutes les parties du corps est la *peau*.

61. Nous avons, à l'épiderme de la peau, deux sortes de pores : les pores *exhalants*, et les pores *absorbants*.

62. C'est par les pores exhalants que sort la sueur, et c'est par les pores absorbants que l'on gagne certaines maladies en touchaut ceux qui les ont, et que les remèdes appliqués extérieurement pénétrent dans l'intérieur.

63. Vingt paires de nerfs sortent de la moëlle épinière, et se distribuent vers le cou, les bras, les jambes, etc.; vingt autres paires sortent par les trous du crâne, et se rendent vers les yeux, l'ouïe, l'odorat, etc.

64. Les cinq organes des sens sont : la *vue*, l'*ouïe*, l'*odorat*, le *goût* et le *toucher*.

65. L'organe de la vue est l'*œil*, dont les principales parties externes sont : les *sourcils*, les *cils*, les *paupières* et les *glandes lacrymales*.

66. Les parties internes de l'œil se composent de membranes très-sensibles et d'humeurs. Son globe est formé de la *sclérotique*, membrane épaisse, blanche et opaque. En devant on aperçoit un petit cercle coloré, nommé *iris*, qui est percé d'un petit trou nommé *prunelle*.

67. Les objets que nous voyons viennent se peindre sur une membrane située au fond de l'œil, qu'on appelle *rétine* ; cette partie, formée par l'épanouissement du nerf optique, est la plus sensible du corps humain.

68. L'organe de l'ouïe est l'*oreille*, dont les principales parties sont : l'*aile*, le *conduit*, les *glandes cérumineuses*, le *labyrinthe*, le *tympan*, etc.

69. Nous ne voyons qu'un objet, quoique nous ayons deux yeux, et nous n'entendons qu'un son, quoique nous ayons deux oreilles; parce que les nerfs optiques des yeux se réunissent avant d'arriver au cerveau ; il en est de même des nerfs auditifs des oreilles.

70. L'*odorat* réside dans la membrane pituitaire, qui tapisse la cavité des narines.

71. Les corpuscules, qui émanent des corps odoriférants, se répandent dans l'air, entrent dans le nez avec lui, affectent les nerfs olfactifs, qui sont d'une sensibilité extrême, et produisent en nous cette sensation, que nous appelons odeur.

72. L'organe du *goût* réside dans la langue, et celui du toucher dans la peau.

Des Quadrumanes.

73. Les **quadrumanes** sont des mammifères pourvus de mains aux quatre extrémités.

74. Presque tous les **quadrumanes** appartiennent à la famille des singes, dont les principales espèces sont : les *orangs*, les *makis*, les *sapajous*, les *magots*, etc.

75. L'*orang-outang*, vulgairement appelé homme des bois, est celui de tous les animaux qui ressemble le plus à l'homme. Il s'apprivoise facilement, marche assez bien à deux pieds appuyé sur un bâton, et parvient à imiter un grand nombre de nos actions. On le trouve à Bornéo et dans les îles voisines.

Des Carnassiers.

76. L'ordre des **carnassiers** se subdivise en quatre familles, savoir :

Les **cheiroptères** (mains changées en ailes);
Les **insectivores** (mangeurs d'insectes);
Les **carnivores** (mangeur de chair);
Et les **marsupiaux** (animaux à bourse).

77. Les principaux genres des **cheiroptères** sont : la *chauve-souris*, le *vampire*, etc.

78. La *chauve-souris* est un animal nocturne qui, le

soir, quitte sa retraite pour se mettre à la poursuite des insectes, qu'elle saisit au vol à la manière des hirondelles.

78. Le *vampire* est une chauve-souris monstrueuse, qui habite l'Amérique du sud, et suce, dit-on, le sang des animaux et des hommes endormis.

79. Les principaux genres des **insectivores** sont : le *hérisson*, la *taupe*, la *musaraigne*, ou *souris des sables*, etc.

80. Le *hérisson* est un animal nocturne, qui habite des terriers bien construits, et dort pendant tout l'hiver. Il a le corps couvert de piquants, qui se hérissent au moment du danger, pendant que l'animal s'arrondit en boule.

81. La *taupe* est un petit animal qui creuse de longues galeries souterraines, et en rejetant la terre avec son museau, elle produit ces petites élévations que l'on nomme taupinières.

82. Les principaux genres des **carnivores** sont : le *lion*, le *tigre*, le *jaguar*, l'*hyène*, la *panthère*, le *léopard*, l'*once*, le *loup-cervier*, les *civettes*, le *phoque*, le *morse*, les *putois*, le *renard*, le *loup*, l'*ours*, le *blaireau*, le *glouton*, le *chien*, le *chat*, le *chacal* ou *loup doré*, etc.

83. Le *lion*, appelé le roi des animaux à cause de son courage, est le plus fort des animaux carnassiers. Il est long de 5 à 6 pieds, et orné d'une longue crinière qui flotte sur ses épaules ; il habite les déserts de l'Afrique et de l'Asie.

84. Le *tigre*, un peu moins gros que le lion, est le plus féroce des carnassiers. Il s'élance d'un bond sur les troupeaux et sur l'homme, les renverse, les déchire,

et se désaltère de leur sang. Le jaguar ou tigre d'Amérique, est l'animal le plus formidable et le plus cruel du Nouveau-Monde.

85. L'*hyène* est un animal très-féroce, qui n'habite que les contrées de l'Inde et de l'Afrique. Elle s'apprivoise difficilement, et elle est si avide de chair, qu'elle se jette avec furie sur le bétail, rompt, pendant la nuit, les portes des étables, et déterre les morts avec ses pattes pour en faire sa proie.

86. La *panthère*, aussi féroce que le tigre, se distingue du léopard, en ce qu'elle a la peau à taches en forme de roses, tandis que le léopard a la sienne à taches en forme d'anneaux. L'*once* diffère de la panthère par des taches plus inégales. On ne la trouve qu'en Perse.

87. Le *lynx* ou *loup-cervier* est un carnivore très-féroce, long de deux à trois pieds, qui habite les déserts de l'Afrique, mais il est heureusement devenu très-rare.

58. Les *civettes* sont de petits carnivores, qui ont sous le ventre une espèce de poche qui renferme la matière odorante de leur nom.

89. Le *phoque*, ou *veau-marin*, est un carnivore amphibie, doux et intelligent, qui s'apprivoise facilement et s'attache à son maître.

90. Le *morse*, ou *éléphant de mer*, est aussi un carnivore amphibie, armé de deux énormes défenses dirigées en bas. Il a jusqu'à huit mètres de long, et habite les mers septentrionales.

91. Les *putois*, ainsi nommés à cause de leur mauvaise odeur, comprennent le *furet*, la *belette*, les *martres*, dont les principales espèces sont la loutre, la zibeline, l'hermine, etc., recherchées pour la beauté de leur

92. Le *blaireau* est un animal défiant et solitaire, qui passe sa vie dans des terriers profonds et sinueux. Il est de la taille d'un chien, mais il a les jambes plus courtes. Il vit de lapins, d'insectes et de fruits, et quand on l'attaque, il se renverse sur le dos et se défend avec courage. Son poil sert à faire des pinceaux et des brosses.

93. Le *glouton*, ainsi nommé à cause de sa voracité, est un carnivore de la grosseur du blaireau ; il grimpe assez facilement sur les arbres, et là, se plaçant en embuscade, il se jette sur la proie vivante qui vient à sa portée.

94. Les principaux genres des **marsupiaux**, ou animaux à bourse, sont : la *sarigue*, le *kunguroo*, etc.

95. La *sarigue* est un animal qui a une poche abdominale, où ses petits viennent se réfugier à la moindre apparence de danger.

96, Le *kanguroo*, originaire de la Nouvelle-Hollande, est un animal à bourse, qui a les jambes antérieures très-courtes et les postérieures très-longues. Il s'appuie souvent sur sa queue comme sur un troisième pied.

97. Les principaux genres des **rongeurs** sont : le *castor*, l'*écureuil*, le *loir*, la *marmotte*, le *porc-épic*, le *lièvre*, le *lapin*, le *cochon d'Inde*, la *souris*, le *rat*, le *rat d'eau*, le *mulot*, ou rat des champs, etc.

98. Le *castor* à queue plate et couverte d'écailles, est un rongeur amphibie qui vit en société au Canada ; il est remarquable par son industrie à construire des digues et des cabanes à deux étages, dont l'inférieur, qui est sous l'eau, lui sert de magasin, et le supérieur d'habitation pendant l'hiver. Ces rongeurs coupent les arbres avec leurs dents, et se servent de leur queue com-

me d'une truelle, pour gâcher de terre les murs de leurs demeures.

99. L'*écureuil* est un petit animal très gai, agile et intelligent, qui passe sa vie sur les arbres, et il se sert de ses petites mains pour prendre sa nourriture et la porter à sa gueule. Les *loirs* sont de jolis petits animaux, assez semblables aux écureuils ; ils passent l'hiver dans un sommeil léthargique très-profond.

100. La *marmotte* est un animal qui a la tête plate, la fourrure épaisse, et la démarche lourde. Elle vit en famille dans le fond de son terrier, et reste engourdie pendant tout l'hiver.

101. Le *porc-épic*, ainsi nommé parce qu'il grogne comme le cochon, et qu'il a le corps couvert de piquants, est un rongeur qu'on ne trouve que dans les pays chauds, où il se creuse des terriers à plusieurs issues, et dort pendant tout l'hiver.

102. Les principaux genres des **édentés** (dépourvus de dents), sont : le *paresseux*, les *tatous*, les *fourmiliers*, etc.

103. Le *paresseux* est un animal très-lent, qui passe sa vie sur les arbres, dont il dévore les feuilles. Il a les yeux couverts, et est incapable de fuir et de se défendre. Il habite les contrées chaudes de l'Amérique.

104. Les *tatous* sont des édentés qui ont le corps couvert d'écailles mobiles, et se roule en boule comme le hérisson.

105. Les *fourmiliers* sont des édentés qui se nourrissent de fourmis, qui se collent sur leur langue gluante lorsqu'ils l'étendent sur une fourmilière.

105. Les **pachydermes** sont des animaux à sabots, non ruminants, et à cuir très-épais.

106. Les principaux genres des **pachydermes** sont : l'*éléphant*, l'*hippopotame*, le *rhinocéros*, le *sanglier* ou cochon sauvage, le *tapir*, le *cochon*, le *cheval*, le *mulet*, l'*âne*, le *zèbre*, etc.

107. L'*éléphant* est un animal remarquable par sa force, sa grosseur, sa hauteur, ses défenses (qui nous fournissent l'ivoire), et par sa trompe cylindrique avec laquelle il saisit tout ce qu'il veut porter à sa bouche. Il peut porter jusqu'à cinq milliers, et vit, dit-on, jusqu'à 200 ans.

108. L'*hippopotame* est un pachyderme amphibie très-féroce, qui a environ 10 pieds de long et 5 de haut. Il a le corps très-massif et les jambes très-courtes. Il marche dans l'eau comme il le ferait à terre, et se nourrit de végétaux aquatiques.

109. Le *rhinocéros* est un pachyderme qui a le corps très-lourd et de grande taille. Il a une corne sur le nez et une peau si dure, qu'elle ne peut, dit-on, être entamée par le fer.

110. Le *zèbre* est un animal qui ressemble à l'âne par les formes, mais il a le corps rayé de bandes blanches et noires, disposées avec une symétrie et une régularité admirables.

111. Le *tapir*, originaire de l'Amérique et de l'Inde, est un pachyderme qui a le port du sanglier, mais dont le groin se prolonge en une petite trompe charnue et mobile, comme celle de l'éléphant.

112. Les **ruminants** sont des animaux herbivores, qui ont quatre estomacs, et font revenir leurs aliments

à la bouche après les avoir avalés, pour les mâcher une seconde fois.

113. Les principaux genres des **ruminants** sont : le *chameau*, le *dromadaire*, la *vigogne*, le *lama*, le *musc*, le *renne*, la *girafe*, le *cerf*, le *daim*, l'*élan*, le *chevreuil*, la *chevrette*, le *chamois*, la *gazelle* ou *antilope*, la *brebis*, la *chèvre*, le *bœuf*, le *buffle* et le *bizon*, espèce de bœufs sauvages, etc.

114. Le *chameau* est un quadrupède grand comme le cheval, et a deux bosses sur le dos. Il est très-utile aux Arabes et aux Africains pour traverser leurs déserts, car il peut faire jusqu'à 20 lieues par jour sans boire ni manger.

115. Le *dromadaire* est un ruminant un peu moins grand que le chameau, et n'a qu'une bosse sur le dos.

116. Le *musc* est un petit chevrotin qui a sous le ventre une espèce de poche, d'où l'on tire le musc dont on se sert en parfumerie.

117. Le *lama* et la *vigogne* sont les vrais chameaux de l'Amérique, mais ils sont plus petits et n'ont pas de bosses sur le dos.

118. Le *renne* est un ruminant de la grandeur du cerf, et qui est remarquable par son insensibilité au froid, et par son industrie à trouver sous la neige profonde les herbes et les mousses dont il se nourrit. Il rend aux peuplades polaires les mêmes services que le cheval, la vache et le bœuf nous rendent dans nos climats.

119. La *girafe*, originaire d'Afrique, est un animal qui a le cou très-long (la tête pouvant s'élever jusqu'à 6 mètres), les jambes de devant très-élevées, et la peau

tachetée comme celle du léopard. Elle est des mœurs très-douces, et elle se nourrit d'herbes et de feuilles d'arbres.

120. Le *chamois* et la *gazelle* sont des animaux remarquables par l'élégance de leur forme et par leurs cornes creuses recourbées en arrière.

121. Le *daim*, le *chevreuil* et la *chevrette*, sont les plus petites espèces du genre cerf.

122. L'*élan*, dont les bois pèsent jusqu'à 30 k., est un grand cerf (de la taille d'un cheval), qui vit en troupe dans les forêts du nord ; il est doué d'une force prodigieuse, et se défend vigoureusement contre les attaques de l'ours.

123. Les **cétacés**, dont le nom veut dire baleine, sont des mammifères qui se rapprochent des poissons par la forme, sans en avoir l'organisotion. Ils sont tous vivipares, et ont besoin d'air pour respirer ; ils ont le sang chaud, et habitent presque tous les mers glaciales; on en fait la pêche tous les ans pour obtenir la graisse qui couvre leur corps monstrueux. C'est dans cette classe que se trouvent les plus grand animaux connus ; quelques-uns ont plus de 100 pieds de long, et pèsent jusqu'à 15,000 kil.

123. Les principaux genres des **cétacés** sont : la *baleine*, le *cachalot*, le *narval*, le *dauphin*, le *marsouin*, le *lamantin*, etc.

124. La *baleine* est le plus grand des animaux connus. Elle a la mâchoire supérieure garnie de fanons, longs d'environ 3 mètres et au nombre de 1800. Ce sont les baleines du commerce qui servent aux parapluies, aux corsets, etc. Le lard d'une baleine donne jusqu'à 120 tonneaux d'huile.

125. Le *cachalot* est un cétacé presqu'aussi gros que la baleine, et il a, comme celle-ci, une tête énorme, qui fait, elle seule, le tiers du corps. La partie supérieure de la tête du cachalot renferme une espèce d'huile figée, appelée blanc de baleine, dont on se sert pour faire de la bougie. L'ambre gris, qui est une substance odorante, se trouve dans ses intestins.

126. Le *narval* est un cétacé de 7 à 8 mètres de long, et muni de deux défenses d'environ 10 pieds de long, avec lesquelles il attaque la baleine et la perce avec fureur.

127. Le *dauphin*, dont la taille est de 3 à 4 mètres, est un cétacé qui bondit dans les eaux avec une merveilleuse agilité; il suit les vaisseaux en troupes nombreuses, et avale gloutonnement les débris jetés à la mer.

128. Le *marsouin*, appelé cochon de mer à cause de la couche de lard qui couvre son corps, est un animal si vorace, qu'il est un des tyrans les plus cruels des mers qu'il habite; mais il a pour ennemi le requin et le cachalot, qui lui font une guerre acharnée.

129. Le *lamantin*, appelé autrefois syrène, est un cétacé qui habite les grands fleuves de l'Amérique méridionale, et broute, en nageant, les plantes aquatiques qui croissent sur les bords.

DEUXIÈME CLASSE.

Oiseaux.

150. Les oiseaux se divisent en six ordres, savoir :

1° Les **rapaces** (oiseaux de proie) ;

2° Les **grimpeurs** (grimpant sur les arbres) ;

3° Les **passereaux** (oiseaux de passage) ;

4° Les **gallinacés** (port lourd) ;

5° Les **échassiers** (longues jambes) ;

6° Les **palmipèdes** (pieds palmés).

151. Les principaux genres des **rapaces** sont : le *condor du Pérou* ou *vautour des Andes*, le *gypaète des Alpes* ou *vautour des agneaux*, l'*aigle*, le *faucon*, le *milan*, l'*épervier*, le *hibou* ou *grand-duc*, la *chouette* ou *chat-huant*, la *buse*, l'*autour*, etc.

152. Le *condor* est le plus grand des oiseaux rapaces, car il a jusqu'à 6 mètres d'envergure ; il attaque les bœufs, les moutons, les cerfs et même l'homme, et enlève les enfants, les agneaux, etc.

153. Le *gypaète* est le plus grand des oiseaux de proie de l'Europe ; il a jusqu'à 4 mètres d'envergure, et enlève aussi les petits enfants, les agneaux, etc.

154. L'*aigle* est celui de tous les oisaux qui s'élève le plus haut ; il est indifférent à toutes les températures, et son courage, sa fierté et la puissance de son vol, l'ont fait nommer le roi des oiseaux.

155. Les *faucons* sont des rapaces très-courageux et à

vol très-rapide. Ils sont célèbres par la facilité avec laquelle en les dressait autrefois à la chasse.

136. Les principaux genres des **passereaux** sont : la *pie grièche*, le *merle*, la *grive*, le *loriot*, le *roitelet*, le *rossignol*, le *rouge-gorge*, la *fauvette*, l'*alouette*, le *bouvreuil*, l'*hirondelle*, le *martinet*, le *pinson*, le *bruant*, dont une espèce comprend les *ortolans*, la *bergeronnette*, le *corbeau*, la *corneille*, la *mésange*, la *linotte*, le *martin-pêcheur*, le *chardonneret*, le *serin*, le *geai*, la *pie*, la *huppe*, l'*oiseau de paradis*, les *canaris*, les *colibris*, etc. Ces derniers, dont une espèce est l'oiseau-mouche, sont remarquables par leur beau plumage.

137. Les principaux genres des **grimpeurs** sont : le *coucou*, le *perroquet*, les *aras*, remarquables par la beauté de leur plumage, le *grimpereau*, etc.

138. Les principaux genres des **gallinacés** sont : le *paon*, la *pintade*, la *poule*, le *dindon* ou *coq-d'Inde*, la *perdrix*, le *pigeon*, la *tourterelle*, le *coq-de-bruyère*, la *caille*, le *faisan*, la *gélinotte*, etc.

139. Le *paon*, originaire de l'Inde, est le plus beau des oiseaux par le beau coloris de son plumage, et par l'aigrette mobile qui orne sa tête.

140. Les principaux genres des **échassiers** sont : l'*autruche*, le *casoar*, l'*huîtrier*, le *pluvier*, le *vanneau*, le *héron*, *la grue*, la *cigogne*, le *flamant*, l'*ibis*, la *bécasse*, l'*outarde*, la *poule-d'eau*, etc.

141. L'*autruche* est le plus gros des oiseaux connus; elle a jusqu'à 3 mètres de haut, et ses œufs pèsent jusqu'à trois livres. Elle vit en troupes dans les déserts de l'Afrique, et quand on la poursuit, elle court plus vite qu'un cheval et lance des pierres en arrière avec vigueur. Elle ne mâche point ses aliments, et elle avale

indistinctement les pierres et les morceaux de métal. Ses plumes servent à faire d'élégants panaches.

142. La *grue agami* de l'Amérique, s'apprivoise aisément et s'attache à son maître comme le chien.

143. Les principaux genres des **palmipèdes** sont : le *pélican*, le *manchot*, le *pingouin*, le *mouton-du-Cap*, le *plongeon*, la *mouette*, le *goëland*, le *cormoran*, l'*oie*, le *cygne*, l'*eider*, le *canard*, la *sarcelle*, la *macreuse*, etc.

144. Le *pélican* est un oiseau aquatique, qui a sous le bec une poche membraneuse où il met les poissons et les autres aliments qu'il avale. On croit qu'il perce cette poche avec son bec pour nourrir ses petits, et c'est pour cela qu'il est devenu le symbole de l'amour paternel.

TROISIÈME CLASSE.

reptiles.

145. Les **reptiles** sont des animaux à sang rouge mais froid, et qui respirent au moyen des poumons. Les uns sont quadrupèdes, les autres sont sans membres et rampent au lieu de marcher. Ils sont presque tous ovipares, mais ils ne couvent pas leurs œufs. Les uns changent de peau tous les ans, les autres subissent des métamorphoses tout-à-fait singulières.

146. Les reptiles se divisent en quatre ordres, savoir :

1° Les **chéloniens** ou tortues ;

2° Les **sauriens** ou lézards ;

3° Les **ophidiens** ou serpents ;

4° Les **batraciens** ou grenouilles.

147. Les **chéloniens** sont des reptiles à mâchoires sans dents, et portent une carapace sur le dos.

148. Les principaux genres des **chéloniens** sont : les *tortues de terre*, les *tortues d'eau douce*, et les *tortues de mer*. Ces dernières sont les plus grosses ; il y en a qui ont jusqu'à deux mètres de long, et pèsent 400 kil.

149. Les *carets* sont des reptiles dont les écailles se recouvrent comme des tuiles, et fournissent la plus belle écaille du commerce.

150. Les **sauriens** sont des reptiles à quatre membres, ayant la peau et la queue écailleuses.

150'. Les principaux genres des **sauriens** sont : le *crocodile*, le *caïman*, le *caméléon*, le *basilic*, le *dragon*, le *lézard*, etc.

151. Le *crocodile* est un reptile très-vorace, qui a jusqu'à 10 mètres de long ; il habite les grands fleuves de l'Afrique et des Indes.

152. Le *caïman* de l'Amérique est une espèce de crocodile qui a le museau large et court, et le corps long de plus de 10 mètres.

153. Le *caméléon* est une espèce de petit lézard qui change de couleur lorsqu'il est irrité, et c'est pour cela qu'il est devenu le symbole de la versalité des hommes.

154. Le *basilic* et le *dragon* sont de petits lézards très-doux et tout-à-fait inoffensifs, qui habitent les pays chauds. Ils sont bien différents du basilic et du dragon des anciens.

155. Les **ophidiens** sont des reptiles qui ont le corps écailleux et privé de pieds, et se meuvent en rampant.

156. Les principaux genres des **ophidiens** sont : le *boa*, la *couleuvre*, le *crotale* ou *serpent à sonnettes*, la *vipère*, le *serpent commun*, etc.

157. Le *boa* de l'Amérique est le plus grand des serpents connus. Il a jusqu'à 11 mètres de long, et il est d'une force extraordinaire ; mais il n'a point de venin. Il se tient suspendu aux arbres, et de là il s'élance sur les cerfs, les moutons, les hommes, etc., les serre dans ses replis tortueux, les étouffe, les broie, et les engloutit ensuite après les avoir humectés de son infecte salive. Comme il a une digestion très-lente, il reste, après sa déglutition, dans une torpeur profonde, et l'on profite de ce moment pour le tuer.

158. La *couleuvre* est un serpent sans venin, très-timide, long d'environ 2 mètres, et dont la morsure est peu dangereuse.

159. La *vipère*, dont une espèce est l'aspic, est un serpent qui a la tête triangulaire et la morsure très-vénimeuse.

159'. Le *crotale* est un serpent qui a environ 2 mètres de long, et porte au bout de sa queue un paquet d'écailles qu'il agite avec force quand il est irrité. Il a un venin si subtil, que sa morsure peut donner la mort en trois minutes.

160. Les **batraciens** sont des reptiles à peau nue et à métamorphoses.

161. Les principaux genres des **batraciens** sont : la *grenouille*, la *rainette*, le *crapaud*, la *salamandre*, le *triton* ou *salamandre aquatique*, etc.

162. Le *crapaud* est le plus hideux des reptiles, mais il est sans venin et peut vivre très-longtemps privé d'air et de nourriture.

163. La *salamandre terrestre* est un reptile à peau noire, et tachetée d'un jaune vif.

164. Le *triton* ou salamandre aquatique, est un reptile qui jouit de la propriété singulière de réparer promptement les membres qu'il a perdus.

QUATRIÈME CLASSE.

Poissons.

165. Les **poissons** sont des animaux à sang rouge et froid, pourvus de nageoires et respirant par des branchies. Ils ont la vue bonne, mais ils ont les yeux fixes. Ils ne connaissent pas les saveurs, aussi ils ne goûtent rien, et se contentent d'engloutir. Il y en a qui entreprennent à temps réglé de longs voyages, connus sous le nom de migration, d'autres meurent dans la mer qui les a vus naître.

166. Les poissons se divisent en deux sections, savoir : les **poissons osseux** et les **poissons cartilagineux**.

167. Les principaux genres des **poissons osseux** sont : la *dorade de la Chine*, le *poisson-volant*, le *gymnotte électrique*, le *thon*, la *perche*, le *maquereau*, la *carpe*, le *barbeau*, le *brochet*, le *turbot*, le *saumon*, la *truite*, le *hareng*, la *morue*, l'*anchois*, la *sardine*, l'*alose*, l'*anguille*, la *tanche*, le *goujon*, etc.

168. Le *poisson-volant* est un petit poisson qui a les nageoires pectorales, assez grandes pour se soutenir quelques instants dans l'air.

169. Le *gymnotte électrique* est un poisson qui fait éprouver à ceux qui le touchent de si fortes commotions électriques, qu'il peut abattre les hommes et les animaux.

170. Les principaux genres des **poissons cartilagineux** sont : le *requin*, la *torpille*, l'*esturgeon*, la *scie*, la *raie*, etc.

171. Le *requin* est un poisson vorace et cruel, long d'environ 8 mètres; il a sur les côtés de son museau des dents en triangles qui le rendent l'effroi des navigateurs. Ce qu'on appelle son pilote est un petit poisson qui le guide vers sa proie, et auquel il en laisse les débris.

DEUXIÈME EMBRANCHEMENT.

Annélés.

172. On appelle **annélés** les animaux dont tout le corps semble composé d'une suite d'anneaux placés à la file les uns des autres.

173. Les annélés se divisent en cinq classes, savoir : les **insectes**, les **myriapodes**, les **arachnides**, les **crustacés** et les **annélides**.

PREMIÈRE CLASSE.

Insectes.

174. Les **insectes** sont de petits animaux, dont le

corps est composé de plusieurs pièces distinctes, articulées les unes sur les autres, et respirant par des trachées. Ils ont des yeux et des antennes à la tête, et ordinairement trois paires de pattes. Ils sont ovipares, et au sortir de l'œuf ils subissent le plus souvent de singulières métamorphoses. Dans le premier état, l'insecte s'appelle larve, dans le deuxième chenille, dans le troisième nymphe ou chrysalide, et enfin papillon.

175. Les insectes se divisent en huit ordres, savoir :

1° Les **coléoptères** (cachant leurs ailes sous des étuis durs et membraneux, appelés élytres);

2° Les **hémiptères** (à quatre ailes);

3° Les **orthoptères** (dont les deux ailes inférieures plissées en long sont cachées sous des élytres molles);

4° Les **hyménoptères** (à quatre ailes nues, veinées et inégales);

5° Les **névroptères** (à quatre ailes membraneuses, traversées de nervures réticulées);

6° Les **lépidoptères** (à ailes brillantes, recouvertes d'une poussière farineuse et écailleuse);

7° Les **diptères** (deux ailes);

8° Les **aptères** (sans ailes).

176. les principaux genres de l'ordre des **coléoptères** ou *scarabées* sont : la *coccinelle* ou *bête à Dieu*, le *hanneton*, dont la larve se nomme ver blanc; la *cantharide*, employée pour les vésicatoires; le *tourniquet*, qui décrit sans cesse des cercles sur la surface de l'eau; le *ver-luisant*, qui répand pendant la nuit une lumière phosphorescente; les *vrillettes*, dont les larves percent le vieux bois, les livres; le *charançon*, qui cause de grands dégâts dans les blés; le *capricorne*, le *cerf-vo-*

lant, *l'escarbot*, *l'enterreur*, le *carabe*, la *cétoine dorée*, etc.

177. Les principaux genres des **héminoptères** sont : la *cochenille*, qui sert à faire le carmin ; le *porte-lanterne*, qui brille pendant la nuit ; la *cigale*, le *puceron*, la *punaise*, dont une espèce est la punaise des lits, etc.

178. Les principaux genres des **orthoptères** sont : le *perce-oreille*, ainsi nommé parce qu'on lui attribue faussement l'instinct de s'insinuer dans les oreilles ; la *sauterelle*, le *criquet*, la *courtillière*, qui coupent les racines des plantes ; le *cri-cri* ou *grillon*, la *mante religieuse*, etc.

179. Les principaux genres des **hyménoptères** sont : les *cynips*, qui, par leurs piqûres, font produire au chêne la noix de galle dont on se sert pour faire de l'encre ; les *fourmis communes*, insectes qui vivent en société, et sont composées de mâles, de femelles et de neutres. Ces dernières n'ont point d'ailes et sont les seules qui travaillent ; les *abeilles*, insectes qui vivent aussi en société, dont chacune est composée d'une femelle appelée *reine*, deux fois plus grosses que les autres, de *bourdons* ou *mâles*, au nombre d'environ 800, et de 15 à 16 mille *abeilles neutres* ou ouvrières. Ce sont ces dernières qui nous fournissent la cire et le miel, et bâtissent les cellules destinées à recevoir leurs larves avec un art merveilleux ; les *guêpes*, les *bourdons*, les *frélons*, qui imitent les abeilles en plusieurs points, appartiennent aussi à cet ordre.

180. Les principaux genres des **névroptères** sont : les *demoiselles*, qui ont des ailes de gaze très-brillantes ; le *fourmillon*, qui fait des creux dans le sable pour

prendre les fourmis; l'*éphémère*, espèce de mouche qui ne vit qu'un jour; la *fourmi-blanche*, qui vit en société au nombre de 60,000, etc.

181. Les principaux genres des **lépidoptères** sont: les *papillons*, dont les plus beaux sont les chevaliers, le paon, la belle-dame, le sphynx, etc., mais le plus utile de tous est le bombyx du mûrier, dont la chenille, nommée ver-à-soie, nous fournit la soie.

182. Les **diptères** comprennent la *mouche*, le *taon*, le *cousin*, le *moucheron*, etc.

182'. Les **aptères** comprennent les *puces*, les *poux*, le *ricin*, etc.

DEUXIÈME CLASSE.

Myriapodes.

183. Les **myriapodes** comprennent la *scolopendre*, qui a 28 pattes; l'*iule*, qui en a 80, etc.

TROISIÈME CLASSE.

Arachnides.

184. Les **arachnides** comprennent l'*araignée*, les *mygales* de l'Amérique, espèce d'araignées presqu'aussi grosses que le poing; la *tarentule* et le *scorpion*, dont la morsure est venimeuse; l'*acarus* de la gale humaine, les *cirons* ou *mites*, etc.

QUATRIÈME CLASSE.

Crustacés.

185. Les **crustacés**, ainsi appelés parce qu'ils ont le corps revêtu d'une croûte dure, comprennent les *crabes*, dont le corps est arrondi; les *écrevisses*, les *homards* ou écrevisses de mer, les *langoustes*, grosses écrevisses armées de pattes redoutables; les *cloportes*, qui ont l'instinct de contrefaire les morts quand on les touche, etc.

CINQUIÈME CLASSE.

Annélides.

186. Les **annélides** ou **vers** comprennent le *lombric* ou ver de terre, qui est vivipare; il n'a point d'yeux, et ne subit aucune métamorphose; la *sangsue*, qu'on ne trouve que dans l'eau douce; le *dragonneau*, dont le corps ressemble à un crin de cheval; les *tubicoles*, etc.

TROISIÈME EMBRANCHEMENT.

Mollusques.

187. On appelle **mollusques** les animaux qui ont

en général le corps revêtu d'une enveloppe appelée manteau, et rampent en se traînant avec effort.

188. Les mollusques se divisent en trois classes, savoir :

1° Les **céphalopodes** (pieds à la tête) ;
2° Les **gastéropodes** (pieds sous le ventre) ;
3° Les **acéphales** (sans tête).

PREMIÈRE CLASSE.

Céphalopodes.

189. Les **céphalopodes** comprennent l'*argonaute*, le *nautile*, la *sèche*, dont la coquille, appelée os de sèche, sert à polir l'ivoire. Elle rejette une liqueur noire, dont on se sert pour faire la sépia ; on croit que la véritable encre de Chine se fabrique avec cette liqueur, etc.

DEUXIÈME CLASSE.

Gastéropodes.

190. Les **gastéropodes** comprennent l'*escargot* ou *colimaçon*, la *limace*, la *porcelaine*, le *murex* ou *pourpre*, dont une espèce perdue fournissait la pourpre des anciens, etc.

TROISIÈME CLASSE.

Acéphales.

191. Les **acéphales** comprennent les *huîtres*, les *moules*, les *bénitiers*, etc.

192. Le nacre de perle tapisse l'intérieur d'une espèce d'huître appelée la mère-perle. Les perles elles-mêmes sont produites par une exsudation de cette partie nacrée sous forme de globules.

193. Les **bénitiers** sont des coquilles fameuses, qui ont quelquefois plus de deux mètres, et pèsent jusqu'à 300 kil.

QUATRIÈME EMBRANCHEMENT.

Rayonnés ou Zoophytes.

194. Les **rayonnés** ou **zoophytes** sont des animaux qui n'ont ni vertèbres, ni anneaux, ni coquilles; ils sont sans tête, sans yeux, sans membres articulés, et sans autre organe des sens que celui du tact. On les appelle rayonnés parce que la plupart de ces animaux ont une forme étoilée, et on les nomme zoophytes, parce que plusieurs d'entre eux ressemblent à un végétal.

195. Les zoophytes se divisent en cinq classes, savoir :
1° Les **échinodermes** (peau couverte d'épines);
2° Les **entozoaires** (ou vers intestinaux);

3° Les **acalèphes** (dont le corps n'est qu'une substance gélatineuse) ;

4° Les **polypes** (ou animaux plantes) ;

5° Les **infusoires** (ou microscopiques.)

PREMIÈRE CLASSE.

Echinodermes

196. Les **échinodermes** comprennent les *astéries* ou *étoiles de mer*, les *oursins* ou *hérissons de mer*, etc.

DEUXIÈME CLASSE.

Entozoaires.

197. Les **entozoaires** comprennent le *ténia* ou ver solitaire, les *ascarides* ou ver des enfants, les *strongles* ou vers des chevaux et des moutons, les *filaires* ou vers des insectes, les *hydatides*, qui se trouvent dans le cerveau des moutons et les font périr du mal connu sous le nom de tournis, etc.

198. Les *ténias* sont des animaux qui ont le corps aplati comme un ruban, la tête carrée et armée de suçoirs; ils ont jusqu'à 10 mètres de long, et vivent dans les intestins de l'homme.

TROISIÈME CLASSE.

Acalèphes.

199. Les **acalèphes** comprennent les *orties de mer*; les *méduses*, les *béroés*, qui brillent pendant la nuit, etc.

QUATRIÈME CLASSE.

Polypes.

200. On appelle **polypes** les animaux qui croissent par bourgeon comme les plantes.

201. Les **polypes** comprennent : 1° les *hydres* ou *polypes à bras*, qui ne sont qu'une masse gélatineuse ; 2° les *polypes à polypiers*, qui sont groupés et aggloméres en masses, et composent un polypier de la forme d'un petit arbre ; aussi les a-t-on pris longtemps pour des plantes marines. Dans cet ordre se rangent les *madrépores* ou *polypes arborescents*, qui abondent dans la mer des Indes ; 3° les *actinies*, appelées aussi anémones de mer, fleurs animales ; 4° les *coraux* ou *polypes corticaux*, qui abondent dans la mer rouge ; 5° les *éponges*, corps marins fibreux, qu'on trouve particulièrement dans l'Archipel.

CINQUIÈME CLASSE.

Infusoires.

202. On appelle **infusoires** des animalicules microscopiques, qui fourmillent dans les liquides où ont séjourné des matières végétales ou animales.

203. Les **infusoires** comprennent : 1° les *vibrions*, appelés faussement anguilles du vinaigre ; 2° les *rotifères*, qui tournent sans cesse ; 3° les *monades*, qui sont les plus petits des animaux connus ; au microscope même, ils ressemblent à des points qui se meuvent avec beaucoup de vitesse. Mille millions de ces animaux feraient à peine un grain de sable ordinaire.

FIN.

www.ingramcontent.com/pod-product-compliance
Ingram Content Group UK Ltd.
Pitfield, Milton Keynes, MK11 3LW, UK
UKHW020204200726
13856UKWH00003B/1196